甲醇生产技术问答与典型事例剖析

陈向平　洪晓煜　曾传刚　等编著

石油工业出版社

内 容 提 要

本书采用技术问答与典型事例剖析相结合的形式对甲醇生产过程中天然气预处理及转化、合成精馏、二氧化碳回收及压缩、变压吸附及氢回收等重要工序的关键点和疑难点进行了介绍，对生产典型事例进行了科学分析和论述。

本书可供从事甲醇生产的技术人员以及甲醇生产企业职工培训使用，也可供高等院校相关专业师生参考。

图书在版编目(CIP)数据

甲醇生产技术问答与典型事例剖析／陈向平等编著 . —北京：石油工业出版社，2020.8

ISBN 978-7-5183-4185-6

Ⅰ . ①甲⋯ Ⅱ . ①陈⋯ Ⅲ . ①甲醇-生产工艺-高等学校-教材 Ⅳ . ①TQ223. 12

中国版本图书馆 CIP 数据核字(2020)第 163454 号

出版发行 石油工业出版社
(北京安定门外安华里 2 区 1 号 100011)
网 址：www. petropub. com
编辑部：(010)64523604
图书营销中心：(010)64523633
经 销 全国新华书店
印 刷 北京中石油彩色印刷有限责任公司

2020 年 8 月第 1 版 2020 年 8 月第 1 次印刷
850×1168 毫米 开本：1/32 印张：8.125
字数：160 千字

定价：80.00 元
(如出现印装质量问题，我社图书营销中心负责调换)

《甲醇生产技术问答与典型事例剖析》
编 写 组

组　长：陈向平　　洪晓煜　　曾传刚

成　员：淡明昌　　苏　星　　陈家岭　　夏永胜

　　　　曹满盈　　徐继峰　　黄　平　　张明耀

　　　　李海建　　赵如政　　李红霞　　张　娟

　　　　雷　刚

甲醇是碳一化工的重要原料，在化学工业生产中有着非常重要的作用，被广泛应用于日用化工、制药、农药、染料和涂料等方面。甲醇生产原料来源广泛，天然气、焦炉气、煤田气和煤等都可以合成甲醇。20世纪80年代以来，甲醇被用于生产汽油高辛烷值添加剂甲基叔丁基醚、甲醇燃料等产品，促进了市场对甲醇的需求和甲醇产业的发展。随着甲醇制烯烃等项目的开展，甲醇产业建设规模不断加大，甲醇作为中国重要的化工产品具有良好的发展前景。

青海油田格尔木炼油厂有两套甲醇生产装置，产能为40×10^4 t/a，是西北地区重要的甲醇生产基地。两套甲醇生产装置均从建成投产时问题不断，到不断走向成熟。通过科技创新、深挖潜力以及历任领导及技术骨干的大胆管理，装置盈利能力、多项运行纪录不断被刷新，成功迈入国内同类型装置的先进行列，不断走向辉煌。内蒙古天野化工集团有限责任公司、山东兖矿集团、中煤陕西榆林能源化工有限公司、玉门油田公司炼油化工总厂、青海盐湖工业股份有限公司等国内数家知名企业慕名前来学习培训。

理论知识可以在书本上学到，而经过长期总结和积累，付出了许多人大量心血甚至很大代价得到的宝贵经验却是非常难得的。20余年来，历任领导和很多技术骨干在两套甲醇生产装置中挥洒着自己的青春和汗水，贡献着自己的聪明才智。这些宝贵的经验和技术应当得到传承。编著者全过程参与了两套甲醇生产装置的建设投产，且一直从事甲醇生产技术管理工作。通过多年来的技术积累，编写了本书，包括天然气预处理及转化、合成精馏、二氧化碳回收及压缩、变压吸附及氢回收等重要工序，旨在分享甲醇生产装置的相关技术及典型事例的解决办法，使这些宝贵的经验得以保存和传承。本书内容不仅仅是对两套甲醇装置逐步走向辉煌的真实记录，更是对为甲醇装置建设发展做出贡献的所有人员智慧结晶的记录。

本书汇集了解决甲醇生产许多疑难问题的创新思路和解决方法，实用性较强，部分生产原理可广泛应用到很多领域，希望能给读者带来启发和帮助。由于水平有限，书中难免有不当亟待完善之处，敬请同行专家及广大读者批评指正。

C目录
Contents

第一章 天然气预处理及转化工序

第二章 合成精馏工序

第三章　二氧化碳回收及压缩工序

第四章 变压吸附及氢回收工序

第一章

天然气预处理及
转化工序

一、技术问答

1. 天然气为什么要进行预处理？

答：天然气来自气田，是低碳烃的混合物，主要成分为甲烷。天然气中不仅含有水、凝析油等，还含有硫醇、硫醚、噻吩、硫化氢等含硫化合物。因此，在生产甲醇前，必须对天然气进行预处理以脱除水、凝析油、含硫化合物等杂质。

2. 天然气加氢脱硫的目的和反应原理是什么？

答：天然气加氢脱硫是指通过加氢催化剂将硫醇、硫醚等有机含硫化合物转化成无机含硫化合物 H_2S。加氢催化剂主要有钴钼、镍钼、镍铬钒等类型。再通过氧化锌脱硫剂对 H_2S 进行吸附，从而满足甲醇催化剂对含硫化合物的控制要求。

加氢脱硫的反应原理如下：

$$C_4H_4S+4H_2 \longrightarrow C_4H_{10}+H_2S$$
$$RCH_2-SH+H_2 \longrightarrow RCH_3+H_2S$$

3. 配氢量的增减对加氢反应有何影响？

答：配氢量少，无法满足催化剂将有机含硫化合物转化成无机含硫化合物的断键需求。氧化锌脱硫剂的主

要功能是脱除 H_2S，然而无法有效脱除有机含硫化合物。因此合适的配氢量对将有机含硫化合物转化为无机含硫化合物非常重要。如果原料气的性质发生改变，则更应该关注氢气量的配入，保证脱硫效果。配氢量太大，会造成氢气资源的浪费，同时影响后序转化反应，经济性差。

4. 硫含量的变化对加氢反应器的床层温度有何影响?

答：加氢反应是放热反应，硫含量上升，加氢反应器床层会出现温度升高的现象。当原料中硫含量降低时，加氢反应器床层会出现温升下降现象。催化剂床层温度高对加氢脱硫反应有利，因此加氢催化剂操作温度控制在 340~400℃ 范围内。

5. 氧化锌脱硫的原理是什么，如何提高氧化锌脱硫剂的使用寿命?

答：氧化锌脱硫的反应原理如下：

$$ZnO+H_2S \longrightarrow ZnS+H_2O$$

氧化锌脱硫剂的使用寿命主要与硫容有关。脱硫剂本身硫容的大小与脱硫剂生产制造有关，而且硫容大小出厂时已确定。投入生产后，氧化锌脱硫剂寿命主要与原料气中 H_2S 含量有关。H_2S 含量低，脱硫剂寿命长；H_2S 含量高，脱硫剂寿命短。温度、压力、液相量大小等也是影响脱硫剂使用寿命的重要因素。

6. 如何通过转化气气质组成数据分析指导生产?

答：天然气与水蒸气在高温下发生转化反应，将 CH_4 分解为合成甲醇的有效气体组成 CO、CO_2、H_2，残余部分 CH_4、N_2 等。转化气中每种气体的体积分数都有着科学的计算数据和稳定的设计数据，并按照科学的计量比进行生产。

天然气制甲醇转化气中 H_2 设计含量一般为 68% ~ 72%(体积分数)，由于 CH_4 分子由 1 个碳原子和 4 个氢原子组成，因此转化气中 H_2 的占比最大。如果化验分析数据中 H_2 含量高，首先要考虑水碳比是否过高，水碳比高，转化气中残余 CH_4 含量低，H_2 含量则相对较高；水碳比低，转化气中残余 CH_4 含量高，H_2 含量相对较低。

转化气中 CO 设计含量一般为 13% ~ 16%(体积分数)，CO_2 设计含量一般为 11% ~ 13%(体积分数)，转化气中的 CO_2 含量应略低于 CO 含量。CO 是合成甲醇的最主要气体，其次是 CO_2，获取较高体积分数的 CO 和 CO_2 是转化单元的重要意义。提高转化炉反应温度、控制转化管反应温差是在天然气转化反应中获得较高体积分数的 CO 和 CO_2 的主要手段。

转化气中残余 CH_4 设计含量一般为 3% ~ 5%(体积分数)，残余 CH_4 含量是转化气控制的主要经济指标。如果转化气中残余 CH_4 含量高，天然气无法高效率转化成合成甲醇的 CO、CO_2、H_2 等有效气体，既损失了天然气，也会造成合成甲醇效率低，不利于装置的经济运行。在此情况下，应首先对水碳比、转化炉反应温度、转化管反应温差等数据进行分析判断并做出调整。经验显示，转化炉反应温度每提高10℃，转化气中残余CH_4含量下降1%，根据能量守恒定律可知，转化气中残余CH_4含量低，则CO和CO_2的含量高。

7. 转化反应是一个什么样的反应？

答：转化反应是一个吸收热量较大的反应，1mol CH_4与1mol水蒸气反应需吸收热量205.85kJ。

8. 在管式加热炉转化反应工艺中，可供利用的热量有几部分？

答：可供利用的热量有两部分：一部分热量来源于1100℃左右的高温烟气，在通过转化炉对流段时加热混合原料气，过热蒸汽，预热空气，预热原料气及废热锅炉产气，最后温度降低到150~300℃，由烟道排入大气；另一部分热量来源于865℃左右的高温转化气，通过废热锅炉产生的中压蒸汽，作为压缩机透平、再沸器热源及工艺蒸汽来源，同时该转化气还是锅炉水预热器、原料气预热器和脱盐水预热器的热量来源。

9. 转化炉反应压力的高低对甲烷转化有何影响？

答：甲烷蒸汽转化反应是一个体积增大的反应：

$$CH_4+H_2O \longrightarrow CO+3H_2$$

低压有利于甲烷转化，高压不利于甲烷转化，但低压转化设备庞大，大型化不经济，大型生产装置均采用一定的高压，为克服转化率的不足，通常以增加水碳比、提高反应温度来达到所需的甲烷转化率。

10. 如何计算水碳比，水碳比高低对甲烷转化率有何影响？

答：水碳比计算公式如下：

$$水碳比 = \frac{水蒸气分子量}{原料气中碳原子数} \tag{1-1}$$

水碳比高，甲烷转化率高，然而蒸汽消耗量大，经济性差；水碳比低，甲烷转化率低，且有催化剂积炭的危险。因此，设计上应综合考虑，选择合适的水碳比，既满足甲烷转化的需要，又不致有催化剂积炭的危险。

11. 转化管内外温度分布情况对转化反应及转化气气质有何影响？

答：转化管内外温差大小严重影响甲烷蒸汽转化反应效率、转化气气质及残余甲烷含量。温差小，说明转化管外温度分布均匀，在均匀的温度下，炉管内甲烷气体和水蒸气在催化剂作用下的反应效率高，残余甲烷含量低，有效气体转化率高，生成的转化气中 CO、CO_2、H_2 等的浓度分散良好，形成适宜的合成甲醇氢碳比，对提高合成甲醇效率、控制装置能耗、提升转化管使用寿命等起到积极的作用。如果转化管之间温差大，温度低的转化管内的反应不充分，生成的转化气中残余甲烷含量高，转化气气质差，对合成甲醇效率、压缩机循环做功造成影响，从而进一步造成装置能耗上升。转化管间设计温差不大于15℃，温差越小，炉管内转化反应效率越高。因此，控制好炉管温差对优化生产具有非常重要的意义。

12. 转化管出现花管的主要原因有哪些？

答：转化管出现花管的主要原因如下：（1）催化剂在装填过程中出现架桥、局部阻力降不均；（2）催化剂出现中毒现象；（3）燃烧器出现长火焰或火焰舔管现象；（4）转化管外壁有附着物；（5）催化剂出现积炭、局部催化剂失活。

13. 空速对甲烷转化反应有何影响？

答：空速是指单位时间内，单位体积催化剂通过的反应气的量。转化炉负荷是按照氢空速进行计算的。空速增大，气体在催化剂上停留时间短，甲烷蒸汽反应时间短，天然气中的甲烷裂解不充分，造成转化气中残余甲烷含量高，合成甲醇的有效组分就会减少，不利于增加合成甲醇产量及降低能耗。因此，甲烷转化反应要控制适宜的空速，理论空速为 $7250h^{-1}$。

14. 转化催化剂装填不均匀会造成哪些影响？

答：工业装置在转化催化剂装填完毕后，都会严格采用逐个向管内通入固定压力空气的方法来测定各转化管的压力降，以全部转化管之间压力降的偏差在±(3%~5%)以内作为考核装填质量的主要标准。转化催化剂装填不均匀，在转化管投入原料运行后就可以看出。

装填不均匀的转化管颜色与正常转化管颜色有差别，同一根转化管颜色深浅出现不同，反应量、反应速率也均不同。局部地区反应量少，吸热量少，在外部供热相同的情况下，转化管颜色发红出现红斑。若装填过程不慎堵塞了猪尾管或催化剂支承板上的孔，以及装填时催化剂下落高度太高而引起催化剂破碎等，转化管内气体流量受到限制，反应不能正常进行，整根反应炉管壁温升高，出现红管现象。出现红斑、红管现象不但会影响正常的转化过程，而且会造成局部超温，使转化催化剂的活性、强度受到损伤，对转化管寿命带来不利影响。额外的温差应力会缩短转化管的寿命。对于活性、强度已受到损伤的转化催化剂，抵抗硫等毒物的能力减弱，在一定条件下容易发生硫中毒、积炭等现象，严重时将迫使装置停车。

15. 转化催化剂装填应注意哪些要点？

答：转化催化剂装填应注意如下要点：

（1）转化催化剂的装填质量应以实际气流分布均匀为检验标准。催化剂装填过程一定要做好空管压力降、半管压力降和装填结束后的全管压力降检测工作。

（2）实际装填时转化催化剂松紧程度差距较大（10%~15%），且炉管内径有微小的差异，因此装填时应以重量为主，兼顾高度，需规定装填高度的误差范围。

（3）分层装填、分层检查，以使转化管在相同高度上有基本一致的空隙率和压力降。

（4）要保证催化剂不得在0.5m以上高度自由下落，使装入的催化剂保持完整的颗粒，杜绝破碎粉化现象。

（5）催化剂装填完毕后，进行压力降测定时应保证空气有足够的压力及流量，以产生与操作压力降近似的压力降，且须在空气压力稳定的条件下进行测量。

16. 开停工过程中水蒸气为什么不能长时间通过催化剂？

答：水蒸气会影响催化剂的结构，加速催化剂的老化，促使催化剂因化学组成及物理结构的改变而丧失活性。使用水蒸气处理催化剂时，催化剂的孔容积减小，孔径明显增大，比表面积迅速减小，导致催化剂的活性降低。高温会加速催化剂发生熔结。由实验可知，在750℃下长期用水蒸气处理催化剂，会导致细孔完全消失，逐渐变成粗孔催化剂。

水蒸气氧化金属Ni所生成的NiO会与载体Al_2O_3作用生成无活性及难还原的镍铝尖晶石（$NiAl_2O_4$），使催化剂失活。生成尖晶石的量随着温度的提高及氧化剂浓度的增加而增加，开始生成尖晶石的温度与载体制备条件

及 Al_2O_3 晶型结构有关。镍铝尖晶石通常要在 900～1000℃才能被彻底还原，一般的工业管式炉要达到这样高的还原温度是很困难的。一般来说，催化剂不适宜在高于 700℃ 的蒸汽气氛中停留时间超过 24h。当由于原料气供应等外部原因使催化剂不能正常投料时，蒸汽应在出口温度大于 500℃ 时减缓升温速度，避免温度超过 800℃，水碳比不宜大于 8。

17. 如何防止转化催化剂出现压降增大或粉化现象？

答：（1）避免开停车时升压、降压速度过快，使催化剂在突然的内外压差增大及热应力条件下迅速膨胀（或收缩）被挤压而破碎。

（2）注意控制水碳比，防止出现低水碳比或蒸汽中断导致催化剂积炭。催化剂出现积炭现象后，会加剧粉化现象，使转化炉床层压力增大而迫使装置停产。

（3）防止催化剂装填不当。

（4）防止催化剂出现中毒现象。

（5）防止转化管局部超温，导致催化剂熔结。

18. 转化催化剂出现积炭后都有哪些处理方法，效果如何？

答：催化剂出现积炭后，目前普遍认为可行的处理方法如下：（1）高温下采用水蒸气作为消碳介质进行消碳；（2）采用大水碳比工艺条件进行消碳。以上两种方法均需要控制转化炉温度在 650℃ 以上进行。高温下采用水蒸气作为消碳介质进行消碳需注意时间的控制，防止催化剂生成尖晶石使活性受损。采用大水碳比工艺条件进行消碳的方式可适当提高转化炉温度，控制转化催化剂水碳比接近 10。由于消碳过程处于高温和大水碳比条件下，因此消碳时间一般控制在 8h 以内，防止催化剂晶体发生变化影响活性。

上述两种方法是目前对催化剂进行消碳所采取的主要手段，但工业实际运用效果不是很理想，因此生产中一定要防止催化剂出现积炭现象。

19. 催化剂中毒的原因有哪些，有什么影响？

答： 硫、砷、氯、硅及一些金属盐类均可以造成转化催化剂中毒，其中硫是转化催化剂中毒的主要毒物。少量的硫即对催化剂活性有显著影响，其影响程度因催化剂而异，对高活性催化剂的影响更明显。在转化条件下，各种有机含硫化合物容易转化成 H_2S，因此转化催化剂被硫毒害的程度与含硫化合物的种类无关，仅取决于含硫化合物的含量。

含硫化合物极易覆盖在催化剂活性组分 Ni 的表面，与 Ni 生成稳定的表面金属含硫化合物 NiS，同时含硫化合物破坏了催化剂的活性中心，减少了催化剂的活性表面，使催化剂失去活性。

一般来说，转化催化剂硫中毒后，析碳反应也容易发生，其原因是转化反应被抑制，破坏了析碳和脱碳反应的动态平衡，造成催化剂层析碳，转化气中 CH_4 含量升高，压力降增大。

表1-1中显示了转化反应热量不变时，原料气中硫含量对一段转化炉操作的影响。

表1-1 转化反应热量不变时，原料气中硫含量对一段转化炉操作的影响

原料气中硫含量，mg/L	一段转化炉出口温度，℃	转化气残余 CH_4 含量，%	管外壁最高温度，℃
0.06	780	10.6	906.7
0.19	783.3	10.7	909.4
0.38	787.2	10.9	912.2
0.76	798.9	11.5	926.1
1.52	811.1	12.1	929.4
3.03	822.2	12.7	937.8
6.01	840.6	13.7	951.6

从表1-1中可以看出，当原料气中硫含量增加0.1mg/L时，管壁温度将增加1.7~2.2℃，转化管出口残余 CH_4 含量约提高1%。

20. 汽包产汽系统投运前碱洗及酸洗的意义是什么？

答： 余热锅炉在制造、运输、安装过程中，会在汽包及水冷壁系统内壁产生氧化铁和其他机械杂质。为确保锅炉安全经济运行，根据相关规定，锅炉在投用前必须经过碱洗及酸洗。碱洗是通过向锅炉系统内注入氢氧化钠或磷酸三钠来脱除油污等，同时在设备内壁形成保护膜，用于防止腐蚀；酸洗的目的主要是除去铁锈。

21. 影响转化炉热效率的因素有哪些?

答：影响转化炉热效率的因素如下：

（1）转化炉排烟温度越高，热效率越低。

（2）过剩空气系数越大，热效率越低。

（3）化学不完全燃烧损失越大，热效率越低。

（4）机械不完全燃烧损失越大，即烟气中含有甲烷等燃料成分越多，热效率越低。

（5）炉壁、转化管密封等散热损失越大，热效率越低。

22. 什么是转化炉的过剩空气系数，其与理论空气量的关系是什么?

答：任何燃烧都离不开氧气。转化炉燃料燃烧的氧气通过空气补入得到。为保证燃料完全燃烧，理论上所需要的空气量称为理论空气量。转化炉在实际燃烧过程中，为了保证燃料能够燃烧完全，入炉的空气量要比理论值大。这是由于烧嘴处因设计制造等原因无法实现燃料和空气的完全理想混合。燃料在燃烧时，实际空气量和理论空气量的比值称为过剩空气系数，完全燃烧状态下的计算公式如下：

$$a = (100 - V_{CO_2} - V_{O_2}) / (100 - V_{CO_2} - 4.76 V_{O_2}) \quad (1-2)$$

式中　a——过剩空气系数值；

　　　V_{CO_2}，V_{O_2}——分别为转化炉烟气中 CO_2 和 O_2 的体积分数，%。

23. 过剩空气系数的大小对转化炉有什么影响？

答：通过理论空气量和过剩空气系数的关系可以看出，过剩空气系数小，则燃料燃烧不完全，造成燃料浪费。没有完全燃烧的燃料随烟气进入转化炉，还会发生二次燃烧，在转化炉内局部造成超温，严重时对转化炉的安全运行造成影响。过剩空气系数过大，则说明进入转化炉的空气太多，大量过剩空气不仅会造成一部分热量损失，使转化炉热效率降低，同时还会造成转化管氧化剥皮，严重缩短炉管使用寿命。合适的过剩空气系数范围见表1-2。

表1-2　合适的过剩空气系数范围

燃料种类	辐射室过剩空气系数	烟道过剩空气系数
气体燃料	1.1~1.25	1.2~1.4
液体燃料	1.2~1.5	1.4~1.6

24. 实际生产中如何判断转化炉过剩空气系数是否合适，可采取的措施是什么？

答：转化炉过剩空气系数的大小可通过查看转化炉辐射室炉膛及火焰颜色进行判断。过剩空气系数过小时，由于燃料燃烧不完全，炉膛颜色发暗，火焰呈暗红色，严重时炉膛底部会看到二次燃烧出现的微弱火焰，烟筒冒黑烟，烟气进对流段处出现超温现象。过剩空气系数过大时，炉膛颜色明亮发白。

如果风量不足，可以采取增大风机挡板开度及调节烧嘴风门，调整各烧嘴燃烧状况等措施。如果风量过剩，可以减小风机挡板开度及调节烧嘴风门，对转化管与转化炉壁缝隙、烧嘴风门挡板、过热烧嘴与转化炉壁、火嘴与转化炉壁等缝隙进行经常性的检查堵漏，减少空气漏入。

25. 转化管压力降在实际生产中有什么指导意义？

答：转化管压力降是指混合原料气进入转化管前的压力和转化管出口压力差。可以通过压力降的大小分析判断催化剂装填质量、催化剂活性、催化剂粉碎程度等。

催化剂在装填过程中，压力降是一项重要指标。压力降大，提示转化管催化剂装填量大，堆密度大或者存在堵塞等现象；压力降小，提示转化管催化剂装填量不足，或者存在架桥等现象，均应做出及时有效处理。在催化剂正常生产期间，压力降也应该在正常范围内。如果催化剂出现中毒、积炭、活性下降、异常操作而出现粉化现象等，转化管压力降上升，严重时压力降会超出正常范围，并导致处理量受限，装置无法运行，必须停工处理。装填过程转化管压力降一般控制在所有转化管平均压力降±2.5%以内为合格，正常生产期间压力降控制在小于0.35MPa较为合适。

26. 控制转化管平均反应温差对转化气气质和生产有何影响？

答：转化管是甲醇装置重要的高温设备，转化管内装有催化剂，在 800℃以上的高温下原料气反应生成合成甲醇的 CO、CO_2、H_2 等气体。转化管数量根据装置设计生产能力进行相应配套，一般情况下从几百根到上千根；转化管有着严格的制造标准和使用要求，使用寿命在 $10×10^4$h 以上，而且由于材质成分复杂，价格也较为昂贵。

为了控制原料反应温度，生产中要监测转化管反应温度，一般通过几根或几十根转化管温度的平均值进行控制。转化管的平均反应温差一般设计为 10 ~15℃（理论上该值越小越好）。在生产方面，平均反应温差的大小代表着转化管外温度及转化管内催化剂活性的高低。反应温差大，说明转化管外温度高或者转化炉管内催化剂活性低。可调整管外火焰及燃料量，控制转化管外表面温度不大于 960℃。转化管平均温差大，说明原料气反应差，转化气中残余甲烷含量高，合成甲醇的有效气体含量低，对压缩机的有效做功、合成甲醇反应及甲醇能耗都会产生影响。平均反应温差大，还会造成转化管外表面温度差距大。低温会造成转化管内原料气反应效率低，转化气质量差，过低的温度还可能造成转化催化剂出现积炭、失活等现象。高温会使转化管温度高，造成转化管材质受损，出现焊缝开裂、转化炉管断裂等事故，影响转化管的使用寿命。

平均反应温差不是每根转化管反应温度的真实体现，而是代表着几根或几十根转化管的运行情况和反应状况，对生产的影响不是一个点而是一个面，因此应对平均反应温差及时进行调整，并将其最小化。

27. 影响转化反应效率的因素有哪些?

答：转化反应效率的高低主要通过转化气中残余甲烷含量、转化气中合成甲醇有效气体分压及维持催化剂活性作为判定依据，影响转化反应效率的因素如下：

（1）反应温度。理论上讲，反应温度越高，残余甲烷含量越低，转化反应效率越高。

（2）反应压力。低压有利于转化反应向正方向进行。压力越低，转化反应效率越高。

（3）水碳比。水碳比越高，残余甲烷含量越低，有利于天然气蒸汽转化反应。

（4）空速。空速大，转化反应效果好，获得的有效气体组分含量高。

（5）催化剂活性。催化剂活性是获得高转化反应效率的保证，催化剂活性好，转化反应效率高，反之则效率低。

（6）转化管平均温差。转化管平均温差越低，转化反应效率越高；转化管平均温差越高，转化反应效率越低。

在实际生产中，转化反应效率要与装置的整体效益和能耗进行统一考虑，反应温度要与燃料气耗量、转化管等高温设备及催化剂使用寿命统一考虑。水碳比要与装置蒸汽耗量及转化气气质组成进行统一考虑。多条件综合考虑后获得最优化运行参数。

28. 什么是露点腐蚀，如何防止转化炉出现露点腐蚀？

答：当烟气温度低于水蒸气的露点温度时，烟气中的水蒸气就会被冷凝，与烟气中的 SO_2 和 SO_3 混合后对工艺管路和设备造成化学腐蚀和电化学腐蚀，这种现象称为露点腐蚀。

化学腐蚀：

$$Fe+H_2SO_4 \longrightarrow FeSO_4+H_2$$
$$Fe+H_2SO_3 \longrightarrow FeSO_3+H_2$$

电化学腐蚀：

负极（Fe）：$Fe-2e \longrightarrow Fe^{2+}$（氧化反应）

正极（Fe_3C）：$2H^++2e \longrightarrow H_2$（还原反应）

当 SO_2、SO_3 和 H_2O 同时在管道表面冷凝时，金属表面就形成了很多原电池，其中电位低的铁是负极，负极上发生氧化反应，金属铁不断被腐蚀，亚铁离子连续进入溶液中；电位高的碳化铁（Fe_3C）为正极，正极上发生还原反应，溶液中的氢离子得到电子而成为氢气，电化学反应速率比化学腐蚀快得多，空气预热器换热管表面越不光滑，电化学腐蚀越严重。

防止露点腐蚀的方法如下：

（1）选用耐腐蚀的材料，如玻璃钢等；

（2）在设备及管道表面进行防腐蚀处理；

（3）将部分空气预热器出口热空气返回至预热器空气进口端，以提高空气温度；

（4）将烟气温度控制在露点温度以上；

（5）烟道对流部位加强保温措施。

29. 加氢催化剂氧化的目的和注意事项是什么？

答：加氢催化剂在正常使用过程中为还原态，其重金属成分为单质金属态，因此才具有较好的活性。在卸出前也是还原态。催化剂在卸出前如果不进行氧化，则其金属物质在卸出时接触空气会发生氧化反应而大量放热。为防止催化剂放热烧结对设备造成损坏，同时保证人员和现场的安全，加氢催化剂在卸出前须实施氧化工作。

加氢催化剂氧化前床层温度先降至 120℃ 以下，反应器取样分析可燃气体含量不大于 0.5%（体积分数）。氧化介质可采用空气，也可采用纯氧，以氮气为载体控制氧含量。将温升控制在每小时小于 50℃，防止温升过快对设备和安全造成影响。氧化气体必须采用循环流动形式。

实践经验表明，加氢催化剂氧化过程不能图方便采用在反应器就近处接入临时工厂风及氮气线进行氧化工作，该方式易造成气体偏流或催化剂床层温升不能得到有效移出而影响氧化效果。应采用动力系统（如压缩机）进行循环，为保证较好的氧化效果，氧化时应保证加氢催化剂适宜的空速和循环量。

30. 如何通过转化炉烟筒排烟状况判断转化炉运行情况？

答：转化炉燃烧状况可以通过烟筒排烟的颜色、排烟量进行初步判断。在正常运行状态下，转化炉烟筒排出的烟基本无色。如出现以下情况，则需要对转化炉内的燃烧做出快速的检查确认，并做出及时的调整：

（1）间断冒小股黑烟，说明转化炉燃料燃烧不完全，个别燃烧器燃料与空气比例调节不当或者炉子负荷过大。

（2）大量冒黑烟，是因为在操作过程中燃料增加量过快，空气配比不足；燃料气组成发生变化；转化管断裂，原料气大量窜入炉膛。

（3）冒灰色烟，表明燃料气压力增大或燃料气中带油，或者过热蒸汽段盘管出现爆裂、烧穿等现象。

（4）冒黄色烟，说明炉膛内存在烧嘴调节不当情况，燃烧状况差；燃料中带液，火焰燃烧不稳定，时而熄灭，燃料在转化炉尾部出现二次燃烧等异常现象。

生产过程当转化炉烟筒排烟出现异常颜色后，应尽快判明问题所在，并及时进行调整或处理，防止事态进一步扩大。

31. 怎样评价催化剂的稳定性？

答：催化剂在运转工作周期中，随着工作时间的延长，活性和选择性均下降。这种变化用催化剂的稳定性表示。表明活性变化的稳定性称为活性稳定性，用 T 表示；表明选择性变化的稳定性称为选择性稳定性，用 S 表示。

$$T = T_\text{末} - T_\text{初} \qquad (1-3)$$

$$S = S_末 - S_初 \tag{1-4}$$

式中　$T_末$——运行后期反应温度；

　　　$T_初$——运行初期反应温度；

　　　$S_末$——催化剂运行后期的选择性；

　　　$S_初$——新投用催化剂的选择性。

32. 什么是氢腐蚀，影响氢腐蚀的因素有哪些?

答：在高温高压下，氢分子会分解成为原子氢或离子氢，它们的原子半径十分微小，可以在压力作用下通过金属晶格和晶界向钢材内部扩散，这些氢和钢材中的碳发生化学反应，生成甲烷，并且使钢材脱碳，使其机械性能下降。甲烷在钢材中的扩散能力很小，它会在晶界原有的微观空隙内结聚，形成局部高压，造成应力集中，使晶界变宽，发展为内部裂纹。这些裂纹会逐步增大并形成网络，使钢材的强度和韧性下降，最终导致破裂，这就是氢腐蚀。影响氢腐蚀的主要因素如下：

（1）操作条件。氢分压和温度越高，氢腐蚀速率越快。

（2）钢材加工条件和化学组成。

（3）应力。

（4）固溶体中碳和原子氢的含量等。

33. 转化炉空气预热器的作用有哪些?

答：空气预热器是提高转化炉热效率的重要设备，既可以提高燃烧空气的温度及各烧嘴燃烧效率，又可以充分回收利用转化炉烟气的余热，减少转化炉烟道气带出的热损失，减少转化炉燃料消耗。空气预热器还可以实现对风量的均匀分配和自动控制，使转化炉各烧嘴获得较为均匀、稳定的配风，从而满足烧嘴处高效燃烧，提高燃烧热。由于转化炉烧嘴需要采用强制供风模式，空气预热器还可以起到降低噪声的功效，同时也有利于控制空气在高速输送过程中出现的湍流现象，进一步提高转化炉负压场、温度场的均匀性，提高传热效率和热效率。

二、典型事例剖析

1. 瓦斯气引入甲醇装置带来的影响及技术分析

（1）事例描述。

2011 年 5 月，青海油田格尔木炼油厂（以下简称厂）瓦斯气自稳压混合罐通过改造引至 $10 \times 10^4 t/a$ 甲醇装置作为燃料并入转化炉燃料天然气管路进行利用（DN100mm）。后又多次引入瓦斯气作为燃料利用，既解决了每年夏季全厂燃料过剩造成的能源浪费问题，又可以降低甲醇装置能耗，具有较好的改造意义。该项目投用后，可使用厂瓦斯气 $250 \sim 400 m^3/h$，消灭瓦斯气放火炬现象。装置燃料天然气量与瓦斯气并入前相比，平均可降低 $350 \sim 600 m^3/h$，可有效缓解厂燃料气管网峰值压力。但在瓦斯气引入初期，转化炉辐射室顶部烧嘴火焰会出现喷射状燃烧，转化炉辐射室负压出现±20Pa 左右幅度的波动，对转化炉温度造成影响。

（2）原因分析。

① 实施改造缓解厂燃料气管网夏季燃料过剩现象。

② 缺少自动控制阀控制，瓦斯气压力的波动会带来流量的波动，员工调节滞后，从而影响转化炉温度的平稳。

③ 瓦斯气引入初期，管线或瓦斯气中存在不同程度的带液现象，导致火焰燃烧状态发生改变。

④ 瓦斯气和天然气的热值存在较大差距，因此进一步导致转化炉温度波动。

（3）采取的措施及结果。

① 通过沿线排凝点进行液体排放，引入时一定要缓慢。

② 尽可能地减小瓦斯气并入流量，减小对转化炉温度的波动范围。

③ 夏季厂燃料气管网压力缓解后退出瓦斯气，全关闸阀并安装盲板。

（4）建议及经验推广。

① 流程改造，将厂瓦斯气引入装置内变压吸附（PSA）稳压系统，瓦斯气经稳压混合后再送至两套甲醇装置使用，从而减小对转化炉温度的影响。

② 瓦斯气中存在含量较高的硫，为防止硫含量增

加对催化剂活性及寿命造成影响，后期采集了瓦斯气补入期间在氧化锌脱硫反应器后气体、转化气、合成反应器入口气体 3 处气体硫含量的化验分析数据（表 1-3），为参考决策提供依据。

表 1-3　瓦斯气补入期间氧化锌脱硫反应器后气体、
转化气、合成反应器入口气体硫含量数据统计

项目	氧化锌脱硫反应器后气体硫含量，μg/L	转化气硫含量，μg/L	合成反应器入口气体硫含量，μg/L	备注
2015 年 2 月 4 日	68	71	45	引入 PSA-A 套解吸气
2015 年 2 月 17 日	65	71	48	
2015 年 3 月 4 日	66	73	43	
2015 年 4 月 18 日	64	71	45	
平均值	65.75	71.5	45.25	
2015 年 5 月 26 日	73	79	54	引入 PSA-B 套解吸气
2015 年 6 月 4 日	69	75	55	
2015 年 6 月 9 日	72	76	56	
平均值	71.3	76.67	55	
2015 年 7 月 7 日	68	75	54	瓦斯气引入
2015 年 8 月 4 日	67	76	56	
2015 年 8 月 19 日	69	75	48	
2016 年 1 月 18 日	62	72	46	
平均值	66.5	74.5	51	

通过数据统计可以看出，$10 \times 10^4 t/a$ 甲醇装置转化炉

只引入 PSA-A 套解吸气作为燃料时，测出的转化气及合成反应器入口气体中硫含量的平均值分别为 71.5μg/L 和 45.25μg/L；PSA-B 套解吸气引入后，转化气及合成反应器入口气体中硫含量的平均值分别为 76.67μg/L 和 55μg/L；厂瓦斯气引入 10×10^4 t/a 甲醇装置作为燃料后，转化气及合成反应器入口气体中硫含量的平均值分别为 74.5μg/L 和 51μg/L。得出结论：引入 3 种气体中硫含量的高低排序依次为 PSA-B 套解吸气>瓦斯气>PSA-A 套解吸气。3 种气体引入后，转化气和合成反应器入口气体中硫含量指标均符合小于 0.1mg/L 的要求。

在厂瓦斯气及 PSA-B 套解吸气引入后，装置二氧化碳单元出现了较为严重的腐蚀现象，主要出现在贫液泵进出口工艺管路，以及再生气系统冷换设备。腐蚀与厂瓦斯气及 PSA-B 套解吸气的引入有无关系还需要后期的分析研究进行确定。

2. 解吸气作为原料并入 10×10^4 t/a 甲醇装置的成功应用

（1）事例描述。

解吸气由厂 PSA-A 套装置提取甲醇合成单元外送驰放气中的氢气后产生，由于解吸气送至 10×10^4 t/a 甲醇装置的压力为 0.3~1.2MPa，因此一直作为燃料供转化炉使用。解吸气中富含 H_2、CO、CO_2 等合成甲醇的有效气体，是通过甲烷蒸汽转化反应，在高温条件下以较高的成本获得的，作为燃料使用非常可惜。经过前期充分论证，2012年4月14日，$10×10^4t/a$甲醇装置利用备用的往复式压缩机，将流量为$2200\sim2800m^3/h$的解吸气引入往复式压缩机C101A，经增压至3.0MPa后并入转化单元原料反应系统，继续参与转化反应以增加合成甲醇有效气体浓度。该措施成功投用后，转化单元燃料天然气消耗量上升，但原料天然气消耗量明显下降，甲醇产量略有增加，单吨甲醇的天然气消耗量较投用前下降$20\sim30m^3$，创造了可观的经济效益。

（2）原因分析。

① 解吸气是合成甲醇驰放气经PSA提氢后的剩余气体，主要含有H_2(29%)、CH_4(36.8%)、CO_2(10.12%)、CO_2(19.4%)及N_2。解吸气是经甲烷蒸汽高温裂解反应获得的，且组成中CO、CO_2和H_2都是合成甲醇非常宝贵的资源，作为燃料利用不科学。

② 国内外以天然气为原料通过甲烷蒸汽转化工艺合成甲醇的装置普遍存在"氢多碳少"的不足，因此获取碳源可以很好地弥补该工艺存在的缺陷，实现增产甲醇、降低能耗的目标。

③ 在解吸气成功作为原料气利用前，甲醇装置采用烟道气回收CO_2作为补碳工艺。两台压缩机分别承担处理CO_2和解吸气的任务。因此，解吸气与CO_2气体混合作为原料气使用后对解吸气产量及烟道气回收CO_2单元化学药剂复合胺溶液的再生造成很大影响，不仅会造成二氧化碳单元复合胺溶液降解严重，而且还会对烟道

气回收 CO_2 产量造成影响，这是解吸气和 CO_2 两种气体同时混合利用的难点。

（3）采取的措施及结果。

① 经过流程优化，实现装置内两台压缩机分开使用，一台压缩机单独用于处理 CO_2 作为转化反应原料，另一台压缩机单独用于处理解吸气作为转化反应原料。

② 通过流程优化分开处理，有效解决了烟道气回收 CO_2 工段再生效果不好、化学药剂复合胺溶液降解的难题，而且可以有效调节解吸气使用量。

③ 通过运行该项目，每年可节约天然气 $208×10^4 m^3$（以全年生产甲醇 $8×10^4 t$ 计），单吨甲醇的天然气消耗量下降 $20\sim25 m^3$，去除解吸气压缩机运行后增加的电耗成本，每年创造经济效益 80 万元以上。

（4）建议及经验推广。

① 补入的解吸气在转化催化剂的作用下可以继续进行甲烷蒸汽反应，从而增加转化气中的总碳含量，进一步优化合成甲醇原料气的氢碳比。

② 解吸气是甲烷经过高温蒸汽裂解反应而得到的，其中具有合成甲醇非常宝贵的 CO、CO_2、H_2 等有效气体，气体的总碳含量达到了 62%，因此每补入 $1000 m^3$ 解吸气，理论上可替代约 $620 m^3$ 天然气。经计算，解吸气的热值约为 $439.47 kJ/mol$，而天然气的热值为解吸气的 2.02 倍，因此解吸气作为合成甲醇的原料气进行利用更为科学。

③ 通过数据统计，掌握了解吸气与 CO_2 气体共同进

入转化管后在催化剂作用下对甲烷蒸汽转化反应及转化气中残余甲烷含量的影响，取得了宝贵的经验和第一手资料，为国内外同类型装置对解吸气的科学利用奠定了基础。

3. 加氢及氧化锌脱硫反应器床层因压降过大导致催化剂重装

（1）事例描述。

2007 年 6 月，$10 \times 10^4 t/a$ 甲醇装置在大检修期间更换了转化催化剂、加氢催化剂、脱硫催化剂、合成催化剂等类型催化剂。7 月装置开工，在氮气循环升温期间加氢反应器进出口压降逐步增大，氧化锌脱硫反应器出口与转化管进口之间压降逐步增大（最大达到 0.8MPa），导致氮气循环量无法进一步增长（当时循环量为 $5000 \sim 6000 m^3/h$），压缩机运行受限，转化管热量无法有效移出等问题，最终造成装置停工。对加氢反应器下部催化剂和氧化锌脱硫反应器（R102A/B）催化剂进行检查重装，再次开工后解决了压降过大的问题。

（2）原因分析。

①擅自改变加氢反应器、氧化锌脱硫反应器底部钢丝网标准目数，由原设计的 20 目/in^2 改为 60 目/in^2，导致对应的筛孔变小，造成阻力降升高，压差过大。

②脱硫剂在卸出过程中部分有明显的粉化现象。

③ 催化剂装填完毕后未进行吹灰工作。

（3）采取的措施及结果。

① 将加氢反应器、氧化锌脱硫反应器底部钢丝网标准目数由 60 目更改为 20 目，材质为 0Cr18Ni9。

② 筛出粉化的催化剂。

③ 装填完毕后对催化剂进行吹灰工作。

④ 再次开工后压降正常。

（4）建议及经验推广。

炼油化工生产应树立严格的规范意识和标准意识。擅自改变钢丝网目数，看似一个小小的问题，也会对生产造成很大的影响，甚至导致事故。

4. 实施隧道墙开孔率及分布改造，大幅提升转化炉运行效率

（1）事例描述。

30×10⁴t/h 甲醇装置转化炉在未发现隧道墙开孔率及分布存在缺陷实施改造前，转化炉辐射室存在对流室入口超温运行现象，且辐射室底部有较明显的尾燃现象。辐射室出口负压值高于设计值，但辐射室内必须通过两台引风机同时运行才能满足正常负压控制指标。辐射室内安装了 64 个测温点，平均温差高达 90℃，造成转化管温差大，炉管内甲烷转化反应差，不但对设备的正常运行及寿命构成较大威胁，而且造成转化气中残余甲烷含量高达 5%（体积分数），工艺气质较差。部分主要运行数据统计见表 1-4。

表 1-4 部分主要运行数据统计

项目	辐射室出口负压，Pa	烟气中O_2含量 %	燃烧空气量 $10^4 m^3/h$	对流室入口温度，℃	转化管温差，℃	烟气中CO_2含量 %	引风机运行情况
实际值	-407.2	6.9	19.2	1021	≤90	7.2~7.7	两台同时运行
设计值	-300.0	2.8	16.7	980	≤30	10.56	开一备一
对比值	-107.2	+4.1	+2.5	41	+60	-2.86~3.3	多运行一台

从表中可以看出，转化炉运行存在以下主要瓶颈：

① 设计只需要运行一台引风机，辐射室出口负压达到-300Pa 就可以满足炉膛正常的生产要求；而在实际运行中，两台引风机同时运行，辐射室出口负压须达到-407.2Pa 才能满足辐射室顶部对负压的控制要求。

② 转化炉设计正常燃烧空气量为 $16.7×10^4 m^3/h$，在实际运行中必须提高到 $19.2×10^4 m^3/h$ 才能满足转化炉燃料燃烧及供热的要求，否则转化炉出口温度无法达到正常范围，导致烟气中 O_2 含量高出设计值 4.1%（体积分数），辐射室内温度分布差，转化炉热效率差。

③ 由于燃烧效率差，燃料在烧嘴处无法完全燃烧，导致部分燃料经负压引至辐射室底部进行二次燃烧，从而导致对流室入口温度及对流段蒸汽过热段设备超温。

④ 由于燃烧效率差，燃料没有完全燃烧形成 CO_2 气体，因此通过化验分析烟气中 CO_2 含量只有 7.2%~

7.7%，进一步影响到 CO_2 工段的产量。

⑤ $30×10^4t/a$ 甲醇装置 1 根编号为 6-25 的转化管于 2010 年 9 月发生断裂，权威机构检测报告显示，断裂主要是由超温所致，而断裂处也是最靠近隧道墙的部位，因此隧道墙开孔率不合理造成辐射室温度场分布不均是转化炉长周期安全运行的重要隐患。

装置于 2009 年 6 月更换了 180 只顶部烧嘴。更换烧嘴后，转化炉燃烧空气量有所下降，燃烧状况好转，但两台引风机必须同时运行才能保证炉膛负压现象仍然存在。

（2）原因分析。

① 甲醇装置转化炉辐射室烟气隧道墙开孔尺寸及开孔数量的合理设计，是保证烟气不发生偏流、阻力均匀，辐射室具有合理的温度场及负压分布的关键，而 $30×10^4t/a$ 甲醇装置转化炉存在隧道墙开孔率及分布不合理的现象。

② 通过对比两套甲醇装置转化炉设计图纸及计算结果发现，$30×10^4t/a$ 甲醇装置单排隧道墙的开孔数量明显偏低，其开孔率仅为 4.73%，而 $10×10^4t/a$ 甲醇装置的开孔率达 6.18%。$30×10^4t/a$ 甲醇装置烟气流量比 $10×10^4t/a$ 甲醇装置增加了 92.6%，但隧道墙的开孔率却比 $10×10^4t/a$ 甲醇装置降低了 23.5%。因此，$30×10^4t/a$ 甲醇装置转化炉在理论上存在烟气流速偏高、易形成烟气偏流、辐射室远端负压场不足等设计问题。

③ $10×10^4t/a$ 甲醇装置烟气隧道墙图形呈现出距离转化炉引风机抽力递减，而开孔数量逐步增加的设计分布。

并且以纵向梯度进行分布，这样可以使距离转化炉引风机最远端(压力最低处)的烟气以合适的流量均匀通过。而 $30 \times 10^4 t/a$ 甲醇装置开孔图形为横向增加，每排隧道墙没有设计以纵向梯度增加开孔及分布。该设计与纵向梯度设计相比呈现出烟气流通阻力大、易形成偏流等缺陷，且转化炉辐射室烟气隧道墙开孔率与 $10 \times 10^4 t/a$ 甲醇装置相比明显不足，从而进一步造成在负压逐步递减的过程中，距离转化炉引风机近端的烟气流量大、流速快，而距离转化炉引风机远端的烟气流速缓慢、易形成偏流等现象。因此，隧道墙开孔数量应随辐射室负压递减逐步增加，且以纵向梯度进行分布的设计理念优于以横向梯度设计。

两套甲醇装置隧道墙图形设计分布如图 1-1 所示。

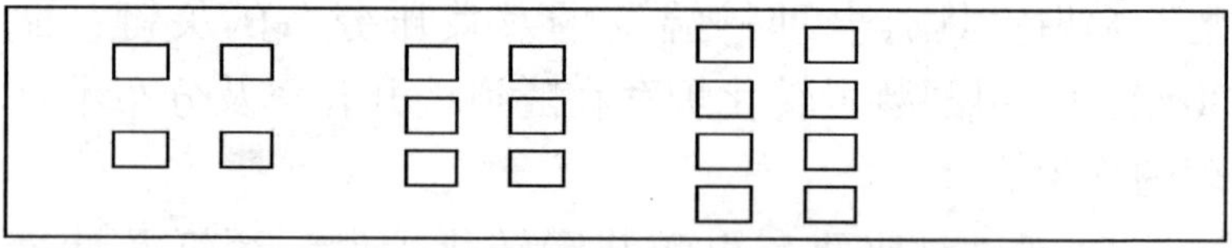

（a）$10 \times 10^4 t/a$ 甲醇装置隧道墙图形设计分布

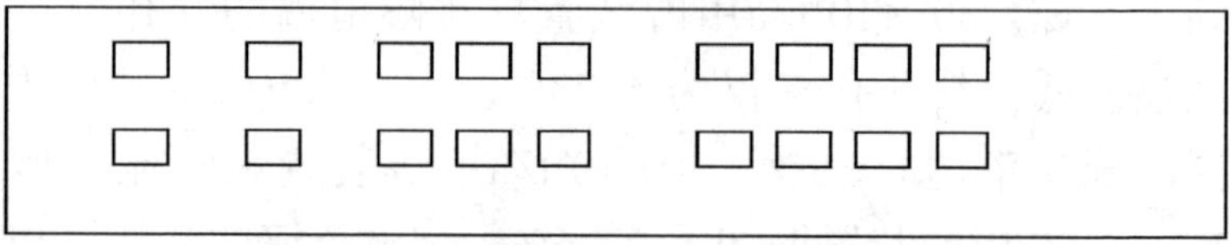

（b）$30 \times 10^4 t/a$ 甲醇装置隧道墙图形设计分布

图 1-1　两套甲醇装置隧道墙图形设计分布

（3）采取的措施及结果。

① 经过与 $30 \times 10^4 t/a$ 甲醇装置的设计单位沟通，提出了隧道墙开孔率及分布存在的问题，经核算重新确定

了隧道墙开孔措施。

②2011年利用装置大检修实施了重新开孔，具体措施如下：辐射室内共计16道开孔墙，将中间14道烟道墙从1轴端开始，前12个烟道孔上面各加一个尺寸为134mm×234mm的孔，与原孔的间距为286mm，其中第11个孔在下部干砌半块砖，第12个孔干砌一块砖。另外两道墙从1轴端开始，在原12个烟道孔上面各加一个尺寸为134mm×234mm的孔，其中第11个孔在下部干砌半块砖，第12个孔干砌一块砖，砖的材质与原砖墙相同。

③通过整改，有效改善了辐射室内烟气流动阻力大、炉膛负压小、烟气存在严重偏流等现象，辐射室取得了合理的负压分布及温度场，电机引风机停运，彻底解决了两台引风机同时运行才能满足炉膛负压及生产的难题。不仅成功停运了一台额定电压为6000V、功率为800kW的电机，转化管各排温差也得到了有效降低，效果明显。

隧道墙重新分布开孔后部分主要运行数据见表1-5。

表1-5　隧道墙重新分布开孔后部分主要运行数据

项目	辐射室出口负压，Pa	烟气中O_2含量%	燃烧空气量$10^4 m^3/h$	对流室入口温度,℃	转化管温差,℃	烟气中CO_2含量,%	风机运行情况	烟气出口温度,℃
设计值	-300	2.8	16.7	980	≤30	10.56	开一备一	125
改造前	-407.2	6~8	19.2	1021	≤90	7.2~7.7	两台同时运行	147.2

续表

项目	辐射室出口负压, Pa	烟气中O_2含量%	燃烧空气量$10^4 m^3/h$	对流室入口温度,℃	转化管温差,℃	烟气中CO_2含量,%	风机运行情况	烟气出口温度,℃
改造后	−337	2.0~3.2	12.8	972	≤40	8.5~8.8	开一备一	134.2
改造前后对比	+70.2	−4~5.2	−6.4	−49	−50	1.1~1.3	单台	−13

从表 1-5 中可以看出,改造后转化炉部分指标超出了预期效果,在以下方面取得了非常明显的改善:

① 增加开孔率前,400 根转化管的平均温差只能控制在 90℃ 以内;实施开孔率改造后,炉管的平均温差降到 40℃ 以内,不仅极大地保护了转化管的使用寿命,而且转化气中残余甲烷含量下降了 0.5%(体积分数),转化气气质明显改善,对增产甲醇、降低单吨甲醇的天然气消耗效果明显。

② 由于增加了隧道墙开孔率,在保证转化炉燃烧效果的情况下,燃烧空气量得到了大幅下降,烟气中 CO_2 含量较改造前提高了 1.1%~1.3%,因此回收的 CO_2 量较改造前增加约 $500 m^3/h$,从而进一步提升了装置的增产降耗能力。

③ 开孔率增加后,烟气出口温度下降了 13℃,不仅提升了转化炉热效率,节省了燃料,装置二氧化碳工段洗涤塔冷却洗涤水用量由 $1100 m^3/h$ 降到 $900 m^3/h$,循环洗涤水量平均下降 $200 m^3/h$,超出预期效果。

④ 对流室入口温度在增加隧道墙开孔率前为1021℃，改造后降至972℃，彻底扭转了对流室烟气温度超指标运行的被动局面，对流段内原料气加热段 E1、高压蒸汽过热段 E2 等 7 台冷换设备均达到了最佳运行状态，为装置工艺参数的调节、设备的安全运行奠定了坚实的基础。

⑤ 转化炉双引风机同时运行是长期困扰 $30 \times 10^4 t/a$ 甲醇装置的难题，车间虽采取了更换烧嘴、堵塞转化炉缝隙等多项措施，但一直没有实现单台引风机运行的设计模式。通过实施增加开孔率措施，辐射室出口处负压由-407Pa 变为-337Pa，基本实现了设计水平运行，电机引风机最终得以停运，彻底解决了该被动局面，意义不同寻常。

（4）建议及经验推广。

设计出现的缺陷往往是最难发现和解决的，但只要勤于思考，善于观察，多查阅图纸和对比同类型装置的设计，就能依据数据改变设计，解决问题。

5. 风道结构对转化炉烧嘴燃烧状况的影响

（1）事例描述。

$30 \times 10^4 t/a$ 甲醇装置转化炉顶端风道原设计共 9 排，每排风道单独给对应的燃烧器送风。实际运行中存在鼓风机近端风道的风压偏高而远端风压相对不足的问题。生产中存在炉顶各烧嘴燃烧状况偏差大，实际总用风量比设计值偏大 30% 左右等问题，造成转化炉炉膛内氧气含量偏高、各烧嘴燃烧效果调节难度大，对转化炉的高效运行带来了诸多不利影响。

（2）原因分析。

① 原设计为转化炉烧嘴提供燃烧空气的风道共9排，通过一台鼓风机强制送风，造成风道总管近端风压高、远端风压低，存在设计缺陷。

② 在调整每排烧嘴的二次风门时，由于风压的不均衡造成配风量调节难度增大，导致每排烧嘴燃烧状况存在较大差异，从而不利于烧嘴的高效率燃烧和完全燃烧。

③ 由于各烧嘴燃烧状况存在差异，进一步造成所对应的转化管外壁温度差距大，导致转化管反应温度不一，对设备的寿命及转化气气质造成影响。

（3）采取的措施及结果。

① 实施炉顶风道流程改造，由9排的单一供风模式改为9排连通为一体的整体环形供风模式，使各排风道压力一致。

② 投入运行后，燃烧空气量由之前的 $(18 \sim 20) \times 10^4 m^3/h$ 降至 $(12 \sim 14) \times 10^4 m^3/h$。

③ 每排风道的压力由改造前的鼓风机近端 4kPa、远端 2.5kPa 稳定在每排风道压力均为 2.5kPa，提高了所有顶部烧嘴的燃烧效率。

④ 转化炉外壁温差缩小，保护了设备，转化气残余甲烷含量下降，气质得到提升。

⑤ 改造后鼓风机电流下降 8~10A，年创效约 10 万元。

（4）建议及经验推广。

① 转化炉顶各烧嘴配风风道环形连通设计优于单排设计。

② 环形风道总风压及配风量易于调节控制，可保证烧嘴稳定的配风供给，对提高烧嘴燃烧状况、控制炉膛内氧气含量作用明显。

图 1-2 为单排风道和环形风道示意图。

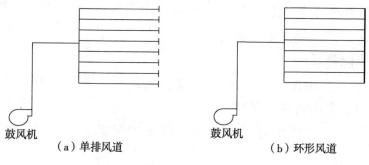

鼓风机　　（a）单排风道　　鼓风机　　（b）环形风道

图 1-2　单排风道和环形风道示意图

6. 开工过程燃料气用量与烧嘴个数对应关系及操作参考

（1）事例描述。

30×10^4 t/a 甲醇装置在开工阶段随着温度的上升需要不断增点烧嘴，烧嘴燃烧所需燃料天然气的用量受火焰调整好坏、炉膛分量大小、烧嘴背压高低等多种因素的影响。由于缺乏基础的操作数据，各班操作人员技术水平不同，开工过程中炉膛鼓风量调节频次少等因素，导致开工升温阶段燃料气用量控制不均，燃料天然气浪费，烧嘴燃烧状况不同造成转化炉炉膛内温度分布不均，班组之间燃料气用量高低不平等现象。通过开工期间多次对原始数据的收集汇总，经科学对比，对开工过程中不同温度下转化炉烧嘴的个数以及对应所需的燃料气用量进行梳理编制，从而达到以下目标：

① 为开工阶段达到最佳燃料气配比，使各烧嘴燃烧热效率最大化、最优化形成一个具有指导意义的支撑性文件，最大限度地节省燃料天然气，达到开工过程的节能降耗。

② 确保转化炉四周温度分布均匀，为转化炉长周期安全运行奠定基础。

③ 为经历开工次数少、经验不足的新员工提供操作依据。

④ 保证炉膛温度的均匀分布，保证各烧嘴燃烧充分，不发生火焰舔管、长火焰、转化管局部超温等现象。

（2）原因分析。

① 由于每位员工操作方法不同，造成燃料天然气消耗量有多有少，成本消耗不一。

② 没有形成一个规范性的文件进行参考和培训，造成操作随意性较大。

（3）采取的措施及结果。

① 通过摸索收集相关数据，形成了规范性的操作文件，可用于指导操作及提供参考。

② 形成了开工过程燃料量与烧嘴个数对应关系操作参考依据表(表1-6)。

表1-6 开工过程燃料量与烧嘴个数对应关系操作参考依据表

转化炉出口温度 (01TR001)	常温升至 100℃	250℃	300℃	410℃	550℃	600~ 630℃
炉膛平均温度,℃	120	280	320	450	560	620~ 640
烟气平均温度,℃	125	300	350	450	560	620~ 640
烧嘴个数	5只(4、5、6 三排梅花状分布)	10~12只	15~16只	28~30只	42~45只	90~100只
燃料气用量,m³/h	400~450	1000~1050	1400~1550 恒温:1300	2350~2450	2900~3000	恒温:3200
烧嘴背压,MPa	0.06~0.10	0.08~0.10	0.10~0.12	0.10~0.12	0.10~0.12	0.10~0.12
鼓风量,m³/h	50000~60000	50000~60000	60000~70000	60000~70000	70000~80000	80000~90000
升温速率,℃/h	5~10	5~10	10~15	10~15	20~25	15~20
升温氮气循环量,m³/h	8000	8000	10000	9000		
炉膛负压,Pa	-30~-20	-30~-20	-30~-20	-30~-20	-40~-30	-40~-30
压缩机转速,r/min	7000	7000	8000			
工艺蒸汽用量,t/h				15	25	25

③ 通过规范烧嘴、燃料量及背压的操作值等对应关系，每小时可节约天然气 $100 \sim 200m^3$，从转化炉点烧嘴开工升温至 650℃引入原料天然气的时间段内可以节约天然气费用 4.06 万元以上。

④ 通过规范开工过程烧嘴、燃料与温度的对应操作，填补了该项操作在甲醇装置的空白。不仅可以为员工提供操作依据，还可以规范员工在每个温度阶段调整烧嘴燃烧效率的意识，从而保证各烧嘴燃烧状况良好，温度调整及时，炉膛内温度分布均匀，升温烘炉效果好，炉墙耐火砖等材料受热均匀，保证转化炉长期安全平稳运行。

7. 废热锅炉出现严重内漏后伴生的现象及处理方式

（1）事例描述。

2011 年 5 月，$30 \times 10^4 t/a$ 甲醇装置出现高压汽包压力持续下降现象，最低时达到 4.5MPa 维持生产，合成压缩机以 10200r/min 低转速运行。5 月 9 日，高压汽包上水线开始出现明显的晃动现象，通过打开锅炉水加热段进出口跨线、提高汽包液位等调整手段，管线晃动现象未得到改善，对装置生产及设备运行造成了较大安全隐患。5 月 10 日，装置被迫停工，在停工进入蒸汽降温阶段，出现消音器大量带水、工艺蒸汽被顶在转化管内无法通过余热锅炉 E201、转化管进出口压力一致的现象，在氮气降温阶段同样存在无法建立正常的降温循环现象。装置采用高压汽包停止供水措施，余热锅炉在缺水状态温度为 210℃的条件下氮气循环降温才得以实现。

（2）原因分析。

① 转化气余热锅炉 E201 内管程列管出现泄漏，壳程压力高的锅炉水窜入管程内。

② 出现的管线晃动是由于汽包压力下降后造成汽包内温度下降，经转化炉锅炉给水加热段 E4 加热后的锅炉水温度高于汽包温度，因温差较大形成的"水击"现象。

（3）采取的措施及结果。

① 打开锅炉水加热段进出口跨线调整温差，但效果甚微。

② 提高高压汽包液位，无效果。

③ 装置停工处理，由于压力高的锅炉水进入管程堵住循环降温的蒸汽及氮气，导致装置被迫采取在适宜的温度下停止汽包上水的措施使循环降温工作继续。

④ 检修期间对泄漏的列管进行封堵处理，开工后该现象得到解决。

8. 30×10⁴t/a 甲醇装置转化炉停运电机引风机调整参考

（1）事例描述。

30×10⁴t/a 甲醇装置于 2011 年实施转化炉隧道墙开孔改造。2012 年 3 月，车间决定调整并停运电机引风机，在单台透平引风机运行的情况下验证转化炉运行情况。操作上首先将转化炉风量由 13×10⁴m³/h 逐步降至 12.5×10⁴m³/h，在调低风量的同时将电机引风机的入口挡板开度从 35% 逐步全关，透平引风机 C102A 转速维持在 5860r/min。在转化炉负压 -51Pa 的情况下停运电机引风机 C102B，并在配电室退出超载跳车手柄。电机引风机停运后，转化炉负压从 -51Pa 以较快的速度变为 -25Pa 稳定，提高透平引风机 C102A 转速至 5950r/min，将转化炉负压提高至 -33～-30Pa 稳定。转化炉出口温度从 830℃ 自行下降至 825℃ 左右，转化炉内 O_2 含量显示在 1% 左右，提高燃料天然气量，但转化炉出口温度无明显上升。

（2）原因分析。

① 燃烧空气量降低导致顶部燃烧效果下降，增加燃料量只会加剧烧嘴燃烧不佳的状态，增加尾燃现象。

② 在单台引风机运行状态下，转化炉内的温度场及负压场短时间内也会发生变化，对转化炉温度造成影响。

（3）采取的措施及结果。

① 小烧天然气量由 10250m³/h 逐步减少，最终稳定在 9700m³/h。

② 大烧天然气量由 10110m³/h 逐步减少，最终稳定在 9800m³/h。

③ 通过适当减少燃料量，转化炉出口温度逐步上升至 830℃ 稳定，转化炉内 O_2 含量由 1% 逐步上升至 2.3%，顶部烧嘴燃烧状况及尾燃现象得到了改善。

④ 转化炉在满负荷状态下首次实现了单台引风机运行。

（4）建议及经验推广。

① 转化炉烧嘴燃烧状况受空气量、燃料背压、炉膛负压、燃料热值等多种因素影响。在实际调整过程中，须同时关注各种影响燃烧的因素。

② 在转化炉出口温度下降或增加燃料没有效果时，应采取到现场查看有无尾燃现象、查看炉膛内 O_2 含量等措施，进行判断后再采取下一步举措，单纯采取增加燃料的方法得到的结果可能适得其反。

③ 在燃料量及空气量大幅度改变后，操作人员在现场通过调整二次风门配风量保持每只烧嘴的燃烧效果是控制转化炉最佳效率运行、降低能耗的关键。

9. 锅炉水循环系统对开工过程节点控制的意义

（1）事例描述。

锅炉水循环系统的主要作用是利用装置热能产生中低压蒸汽，对调节甲醇装置生产、节能降耗有着非常重要的作用。但在开工过程中，锅炉水循环系统应该在何时启动却往往得不到操作人员的重视。2014 年 6 月，$10 \times 10^4 t/a$ 甲醇装置在开工阶段转化炉升温到 120℃后，由于没有启动锅炉给水泵 P8101 及锅炉水强制循环泵 P101，为防止锅炉水温度与转化炉烟气温度相差大损坏设备，装置被迫停止升温及恒温步骤，采取降温措施，等待锅炉水系统正常运行后重新升温。2012 年 9 月，$30 \times 10^4 t/a$ 甲醇装置在开工过程中，也出现了转化炉升温至 140℃后因没有投用锅炉水循环系统导致开工升温工作终止，装置采取烟气温度降温至小于 100℃以下，启动锅炉水循环系统正常后再次恢复升温工作的事件。在开工升温过程中终止升温步骤、被迫降温，不仅会延迟开工时间，还会增加装置能耗及生产成本，因此必须引起重视。

（2）原因分析。

① 开工期间工作头绪多，操作人员未认真按照"开工方案"执行开工步骤工作，未在规定的时间段检查启动锅炉水强制循环泵，确认锅炉水循环系统运行正常。

② 在方案编制时未明确规定锅炉水启用时间。

③ 装置开工指挥人员遗漏了对锅炉水循环系统启动时间的工作安排，操作岗位人员未深刻理解锅炉水循环系统投用时间的重要性。

（3）采取的措施及结果。

① 装置停止开工升温工作，进入降温过程。

② 装置降温以转化炉烟气温度为准，严格按照降温速率降温至与锅炉水给水温度接近后启动锅炉给水泵，建立正常的锅炉水循环流程。

③ 锅炉水系统建立正常循环后，装置按升温速率继续升温，恢复开工。

（4）建议及经验推广。

① 岗位人员应重视锅炉水循环系统启投时间在开工过程中的重要作用。投用时间应以锅炉水进转化炉预热盘管温度与转化炉升温过程中烟气温度接近为最佳。

② 锅炉水循环系统投用时间过早，会造成电耗的增加，增加开工期间运行成本；锅炉水循环系统投用时间太晚，会造成水温与烟气温度差距大，轻则对换热设备造成损害，重则须停止升温开工过程，降低烟气温度，重新投用锅炉水循环系统正常后方可继续进行升温开工步骤。

③ 30×10^4t/a 甲醇装置在 2014 年 7 月停工降温降负荷期间，由于操作不当造成对流段锅炉水加热设备短暂缺水，迅速纠正并正常上水后，出现高压汽包产汽量快速增加、安全阀起跳事件。由此可以看出锅炉水循环系统的及时正常运行对装置生产的重要性，各级人员应引起重视，加强管理。

10. 转化炉氩弧焊作业采用报纸充氩保护引发的停工事件

（1）事例描述。

2009 年 9 月，30×10^4t/a 甲醇装置大检修结束进入开工阶段。在转化炉烘炉升温过程中，发现转化管测温点 01TR132 至 01TR164 共计 32 个(对应 4 排共计 200 根转化管)整体温度低于炉膛内其他 4 排共计 200 根转化管的温度。在转化炉恒温期间，以上 4 排转化管平均温度低于其他各排转化管约 100℃。将装置转化环路压力从 0.3MPa 升高至 0.6MPa 后，第 7 排和第 8 排转化管温度正常，但第 5 排和第 6 排 100 根转化管温度仍然异常。采用提高转化环路压力然后快速泄压的方式仍无法解决该问题，装置被迫降温停工检查。当打开北面集合管东法兰盖检查时，发现两处有6层完整的报纸用透明胶带封堵在集合管内，该报纸是氩弧焊施工作业时为了遮挡空气安装的，封堵集合管后导致转化管内升温氮气无法通过，装置被迫停工，拆除报纸恢复开工后正常。

（2）原因分析。

① 施工人员在集合管实施焊接作业时，没有按照焊接规范及要求采用水溶纸等水溶性好的材料进行充氩焊接作业。

② 报纸具有一定的耐压强度，焊接作业时将充氩用的报纸留在集合管内，焊接作业完成后又未进行人工拆除，造成开工升温氮气无法通过，导致装置开工升温工作无法进行。

（3）采取的措施及结果。

① 转化环路压力提高至0.6MPa，然后在后路快速泄压，但无法破除报纸，升温氮气无法实现流通。

② 转化炉停止升温、降温检查，打开集合管法兰盖人工拆除透明胶带及报纸后解除该故障，装置继续升温开工。

（4）建议及经验推广。

① 氩弧焊作业时可采用水溶性好、耐压强度很低的水溶纸替代报纸进行充氩作业，避免此类事例。

② 采用免充氩保护剂进行氩弧焊作业，也可以保证焊接质量。

③ 采用药芯焊丝提升焊接工艺，车间监护人员加

强对此类事件的监督。

11. 封堵转化炉漏风处对装置带来的影响

（1）事例描述。

$30×10^4$t/a 甲醇装置转化炉混合原料加热段、高压蒸汽过热段、天然气脱硫过热段、锅炉给水加热段、工艺水加热段、空气预热段、隧道烧嘴、辅助烧嘴、转化管多处存在孔隙大、漏风点多等现象。转化炉为负压炉，因此泄漏处越大，外部空气进入转化炉的量越大，造成转化炉中 O_2 含量高，转化炉热效率达不到设计值运行。针对该现象，车间于 2010 年 10 月对以上各处采用保温棉等材料进行封堵，检查关闭各停用烧嘴风门等措施，转化炉对流段 O_2 含量由整改前的 5.5%~6.5%下降到 4%~5%，烟气中 CO_2 含量由 7.5%~8%上升到 8.5%~9%。回收的 CO_2 产量上升 300~350m^3/h，转化炉热效率也有所提高。

（2）原因分析。

① 转化炉为负压炉，每一处泄漏点都会造成外部空气的进入，导致 O_2 含量增加。

② 外部冷空气进入转化炉会造成炉子热效率下降，增加烟气进入 CO_2 工段的量，从而对烟道气回收二氧化碳工段吸收塔吸收 CO_2 效率造成影响。

（3）采取的措施及结果。

① 采用保温棉等材料封堵孔隙较大的泄漏点，阻断空气的进入。

② 检查关闭停用的辅助烧嘴风门，阻断空气进入转化炉。

③ 通过采取一系列措施，转化炉内烟气分析数据明显好转，CO_2 产量上升，装置能耗下降，采取的措施取得了实质性效果。

（4）建议及经验推广。

① 转化炉的运行效率是两套甲醇装置能耗体现的主要指标，应加强管理，所有烧嘴的燃烧效率也应作为长期检查内容。

② 各级人员应重视漏风对转化炉带来的危害，在日常巡检过程中应加强对各烧嘴二次风门的检查，检查关火门是否关严，及时堵塞转化炉与空气相连部位漏风处，从而保持转化炉高效率运行。

③ 转化炉空气过剩系数与烟气中 O_2 含量及热效率的对应关系(表 1-7)及转化炉得分计算公式[式(1-5)]供参考。

表 1-7　转化炉空气过剩系数与烟气中 O_2
含量及热效率的对应关系

序号	过剩空气系数	烟气中 O_2 含量,%	热效率,%
1	1.15	2.5	91.9
2	1.25	3.86	90.2
3	1.35	5.02	89.3
4	1.45	6.04	88.3

$$转化炉得分 = \frac{转化炉热效率}{0.92} \times 100\% - (过剩空气系数 - 1) \times$$

$$0.15 \times 3 - \frac{转化炉表面温度 + 273}{25 + 273} - \frac{(排烟温度 - 120) \times 0.75}{10}$$

$$(1-5)$$

12. 对甲醇装置转化催化剂多次出现积炭事件的思考

（1）事例描述。

2012 年 9 月，厂电路故障造成 $10 \times 10^4 t/a$ 甲醇装置和 $30 \times 10^4 t/a$ 甲醇装置停车，供电正常后 $10 \times 10^4 t/a$ 甲醇装置开工正常。$30 \times 10^4 t/a$ 甲醇装置于 9 月 5 日上午导入天然气，当晚发现转化管出现 46 根红管和 105 根花管。9 月 6 日，全装置被迫停工重装转化催化剂，抢修共计更换新催化剂 $10 m^3$，其余利旧。2014 年 12 月，$10 \times 10^4 t/a$ 甲醇装置由于仪表故障，转化工段中压蒸汽汽包压力控制阀 PV118 投自动后异常关闭，造成汽包压力上升，安全阀起跳，导致装置中压蒸汽压力下降，低水碳比运行近 15min。装置转化炉温度及运行恢复正常后，检查发现转化管出现大面积花管现象。

（2）原因分析。

① 在事故处理过程中存在装置尽量不切出原料的思想，忽略了低水碳比运行对转化催化剂的危害。

② 两套甲醇装置的"水碳比低低联锁"未投入使用。

③ 应急处理措施不得当，未采取按下"手动紧急停工"按钮、紧急切断原料天然气的措施。

④ 操作人员 DCS 监控不到位，未及时发现自动控制阀故障关闭的现象。同时暴露出在装置操作发生波动时，判断分析问题不全面、操作调整不及时等问题，延误了最佳处理时间。

⑤ 仪表误显示，自动控制阀在自动状态下出现故障。

（3）采取的措施及结果。

① 装置被迫停工更换转化催化剂，筛出没有积炭的催化剂继续使用，废弃积炭催化剂，不足的量使用新催化剂替代，催化剂重新装填并测量压差。

② 开工前对转化催化剂重新进行还原，造成天然气、蒸汽等资源浪费，装置能耗增加。

③ 因转化催化剂积炭导致的炉管花管现象得到解决。

（4）建议及经验推广。

① 提高转化催化剂积炭对装置带来严重危害的意识，在事故处理时必须将防止转化催化剂积炭放在重要位置。

② 装置设计的各项联锁都有重要的保护作用，应提高认识，解决并投用所有联锁项。

③ 冬季仪表存在易冻凝导致误显示的问题，操作人员应自觉提高操作技能。当装置出现异常时，应结合其他相关仪表在第一时间进行快速判断和排除。

④ 转化管因积炭出现花斑将导致外壁超温严重，使转化管材质发生蠕变，严重影响使用寿命。同时会对转化炉下猪尾管、冷热壁集合管以及后续设备造成影响，危害程度非常大。

⑤ 装置在开工过程转化管投入原料天然气前，应投用转化炉顶部四周所有烧嘴，防止转化炉四周最外排

的转化管因温差过大形成积炭。

⑥ 处理事故过程，只要出现可能导致转化催化剂积炭的情况，应立即采取装置紧急停工或切断原料天然气的措施，防止催化剂积炭。

13. 转化炉废热锅炉人孔法兰着火导致装置紧急停工事件分析

（1）事例描述。

$30×10^4t/a$ 甲醇装置因红管抢修更换转化催化剂后于 2012 年 9 月 28 日开工，10 月 5 日产品合格。10 月 6 日检查发现废热锅炉 E201 人孔脖颈处出现一圈红斑，现场红外线测温显示温度在 600℃ 左右。10 月 7 日 16：30，人孔法兰突然着火，装置紧急停工。

（2）原因分析。

① 停工后打开废热锅炉人孔，检查发现人孔处用特殊保温材料制作用于隔热保温的封堵隔热层仅为 3 层（设计为 5 层）。

② 废热锅炉的封堵隔热层未按设计要求施工，最内层隔热饼已倾倒至废热锅炉人孔内，未起到隔热作用。

③ 未按照设计要求施工，导致废热锅炉人孔隔热效果大幅下降。由于人孔处超温严重，导致法兰及紧固螺栓受热膨胀造成可燃气体泄漏，在高温下着火。

（3）采取的措施及结果。

① 查阅设计图纸，并严格按照设计要求及规范进

行整改。

②封堵隔热层由3层增加为5层，每层隔热层间隔距离、直径大小、间隙填堵采用的材料及规格严格按照设计要求施工。

③废热锅炉人孔处整改完毕，装置重新开工后，废热锅炉人孔脖颈处现场测温最高处在130℃左右，超温现象得到解决。

（4）建议及经验推广。

①炼油化工装置及生产均有着严格的设计规范和标准，所有人员应树立严格执行设计规范、严格监督施工程序的意识。

②炼油化工生产是高危行业，任何擅自更改设计的行为都可能导致事故的发生，各级管理人员应牢固树立合规化管理的意识。

③设计规范不能用经验取代，各项工作不能有"想当然"思想。树立向规章制度要安全、用设计规范保护自己的意识。

④从事炼油化工行业的各级人员，都应该了解相关的标准及规范，从而更好地指导开展各项工作。

14. 转化炉隧道墙拱形砖断落在操作上的表现及启示

（1）事例描述。

2013年4月，在对$30×10^4$t/a甲醇装置转化炉巡检过程中发现第5排隧道墙有2块拱形砖断裂后掉入炉子底部。经过对9排隧道墙仔细检查，又发现第6排隧道墙和第 7 排隧道墙分别有 3 块和 9 块拱形砖断裂后掉入隧道墙内底部，但未查到拱形砖断裂时间等记录。当日查阅 DCS 转化炉各参数的历史趋势发现：对流室烟气入口温度仪表 01TIA052 参数温度自 4 月 19 日凌晨 0：37 开始下降，由正常的 1008℃ 降至 687℃，另一只温度测量表 01TIA053 温度由 1062℃ 下降至 705℃，两只测量表同时出现温度下降并一直大幅波动到 7：20 左右逐步稳定。炉膛负压从正常的 -45~-33Pa 波动至 -25~-18Pa，主操通过开大引风机入口挡板将负压调至 -35Pa 左右，负压下降及波动时间与对流室入口烟气温度一致。

（2）原因分析。

① 经查 DCS 历史趋势可以验证，转化炉负压及对流室入口烟气温度出现大幅波动与隧道墙拱形砖断裂有必然联系。

② 拱形砖断裂会导致转化炉辐射室内烟气流量及流速在断裂区域发生变化，从而进一步影响到整个辐射室温度场及负压场。

③ 由于烟气在辐射室出现了偏流等现象，因此造成进入对流室的烟气温度出现较大波动。

④ 局部区域烟气流速及流量发生了变化，从而进一步影响到负压波动。

（3）采取的措施及结果。

① 经全面排查，拱形砖断裂处转化管外壁温度均高于其他转化管 25~35℃，但都在 960℃ 以下的设计指标范围内，可以正常运行。

② 14块拱形砖的断裂未对转化炉其他方面造成明显影响，因此装置采取加强监控、维持正常运行、大检修时进行全面检查更换拱形砖的措施。

（4）建议及经验推广。

① 岗位人员应加强技能知识学习，在操作监控屏幕时要学会通过参数的变化判断装置出现的异常现象，从而及时处理和汇报。

② 隧道墙及拱形砖对维持辐射室烟气流量和流速以及平衡负压场有着非常重要的作用，岗位人员在日常巡检工作中应将其作为重点进行监控。

③ DCS各项参数在仪表正常情况下不会没有理由地波动或出现大幅变化，一旦出现，应做到及时分析判断，从参数变化的蛛丝马迹中发现问题、排除问题，方可保证装置生产安全。

15. 对鼓风机和引风机同时停运转化炉出现的现象及处理方式的思考

（1）事例描述。

2013年9月3日10：00，$30×10^4t/a$ 甲醇装置鼓风机 C101 及引风机 C102 由于油压波动造成同时联锁停机，事故风门打开。装置紧急采取降原料气负荷50%（15000m^3/h）、降燃料量的措施进行处理，同时由设备人员对鼓风机和引风机油压故障进行排除，从而实现装置尽快恢复正常的目标。10：50，排除油压故障，启动引风机、鼓风机后转化炉温度出现快速增长，转化炉出口温度从 720℃ 快速增长至 894℃ 仅用了 10min。在转化炉温度增长时，燃料气已全部关闭，炉膛内转化管仪表测温点 01TR101 至 01TR164（64 个测温点）各点温度平均在 980℃ 左右，对转化炉卜猪尾管、冷热壁集合管、转化管等造成危害，威胁转化炉的安全运行。当日 14:40 装置恢复正常。

（2）原因分析。

① 油压波动至低联锁造成鼓风机和引风机同时停运。燃烧空气量大幅减少，炉膛正压是造成转化炉超温的主要原因。

② 转化炉只是采取了减少燃料气用量的措施，未及时彻底切断所有燃料气，燃料气进入炉膛未充分燃烧。空气供给正常后，未充分燃烧的可燃气体在炉膛内形成二次燃烧是导致温度快速上涨的又一个原因。

（3）采取的措施及结果。

① 彻底切断进入转化炉的所有燃料气，防止可燃气体的继续累积。

② 逐步提高原料气负荷，通过冷料的补充控制转化炉温度。

③ 转化炉温度稳定后，现场采用便携式可燃气体检测仪检测烟气数据，在合格状态下增点烧嘴并通过控制燃料气量稳定转化炉温度。

④ 调整转化炉顶部所有烧嘴的二次风量，保证烧嘴燃烧状况良好。

⑤ 转化炉温度及运行正常，现场检查转化炉转化

管及烧嘴燃烧无异常。

（4）建议及经验推广。

① 鼓风机和引风机同时停机后，转化炉处于正压状态。事故风门虽然打开，但和转化炉在正常状态下相比，进入各烧嘴的空气量将大幅下降。燃料在烧嘴处无法实现正常燃烧，可燃气体长时间进入炉膛，大幅增加了转化炉出现闪爆的可能性。

② 鼓风机停运后事故风门可提供30%燃料所需的空气供给，但在引风机同时停运的状态下，空气量低于30%的设计供给，此时应及时彻底切断所有燃料气，防止可燃气体大量在炉膛累积，对人员及装置安全构成危害。

③ 转化炉温度降至720℃时，装置在未使用外界中低压蒸汽的情况下可以满足自身蒸汽平衡，实现蒸汽自给自足、恢复开工。

16. 小小单向阀解决高压机泵易"汽蚀"隐患

（1）事例描述。

30×10^4 t/a 甲醇装置 P701A 和 P701B 为高压锅炉给水泵，其中 P701A 为蒸汽驱动透平，P701B 为电机驱动机泵。在运行过程中，因停电、联锁信号或其他故障导致任意一台机泵停运，机泵就会迅速出现汽蚀现象。机泵再启后汽蚀现象会造成机泵短时间内始终无法正常上量，出口压力无法提高至正常压力。备用泵也会出现不同程度的汽蚀现象，导致无法正常上量，高压汽包液位下降较快，最终造成转化工段高压汽包液位下降至低液位联锁后全装置因联锁停车，余热锅炉形成干锅超温现象，对设备造成损害。

（2）原因分析。

① P701A 和 P701B 不仅承担着保障高压汽包产汽的任务，同时还承担着为转化炉高压蒸汽过热段E2提供减温水的作用（该管路设计在机泵出口上）。机泵异常停机后，高压蒸汽过热段E2处温度为 500℃、压力为 8.5~10.5MPa 的高压蒸汽就会迅速沿着减温水出口管路倒窜到机泵腔体内，对机泵形成汽蚀，导致机泵无法运行。

② 机泵出口减温水管线虽然设计有闸阀，但在机泵异常停机后，操作人员赶到现场关闭该阀门时，高压蒸汽早已倒窜至机泵内，该阀门无法起到有效切断蒸汽、防止机泵出现汽蚀的作用。

③ 备用泵出口减温水线与运行泵相连，如果阀门存在内漏或者启动机泵出口压力未达到高压蒸汽过热段E2处蒸汽压力就打开出口阀门，也无法防止高压蒸汽倒窜对机泵形成汽蚀，造成机泵无法正常运行。

（3）采取的措施及结果。

① 在 P701A 和 P701B 出口减温水总线上安装一只单向阀，单向阀前安装闸阀。其作用是在高压给水泵出现异常时可以在第一时间阻断高压蒸汽过热段E2处倒窜的蒸汽，防止机泵出现汽蚀现象。

② 重新启泵后，操作中注意当出口压力略高于高压蒸汽过热段 E2 处蒸汽压力时再缓慢打开机泵出口阀门。

③ 增加的单向阀及操作过程的优化使 P701A 和 P701B 高压机泵异常状态后易汽蚀现象得到了彻底解决。

（4）建议及经验推广。

① 机泵出现异常后，对于外因导致的汽蚀现象，操作上短时间难以实现正常运行。

② 机泵（特别是高压机泵）出口如果有相连的气相介质，应安装单向阀，从本质上杜绝机泵出现异常后，气相介质返回影响机泵运行的现象。

③ 理论设计和实践操作应紧密联系结合，从设计方面提前考虑到存在的隐患是实现装置安全运行最本质、最有效的措施。

17. 解吸气作为原料在 $30 \times 10^4 t/a$ 甲醇装置的应用分析

（1）事例描述。

为了提高解吸气的利用价值，优化转化气气质，降低 $30 \times 10^4 t/a$ 甲醇装置单耗，实现增产降耗的目标，部分解吸气（$2000 \sim 2500 m^3/h$）作为原料利用改造项目于 2014 年 4 月完成。该项技术改造的内容是将解吸气线和二氧化碳压缩机入口通过管线进行连接，通过控制现场阀门将部分解吸气送至二氧化碳压缩机入口，实现压缩机满负荷运行及验证运行效果的预期目标。4 月 25 日，对该项目进行投运，通过密切关注压缩机运行工况来缓慢增加解吸气补入量，当压缩机入口解吸气补入量增加 $1000m^3/h$ 后，压缩机转速及运行工况出现了波动，通过略开防喘振阀等调整措施稳定了压缩机的运行，未继续增加解吸气补入量。4 月 27 日，由于压缩机突然出现较为频繁的喘振现象，装置退出解吸气补入。车间为了取得解吸气并入压缩机后的运行数据于 5 月 5 日再次进行了两次解吸气并入操作，但解吸气压缩机在投运过程中均出现了突然喘振现象，该项调整被迫结束。

图 1-3 为部分解吸气作为原料利用改造项目流程简图。

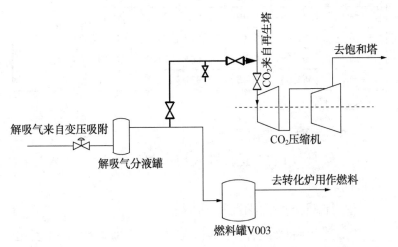

图 1-3　部分解吸气作为原料利用改造项目流程简图
（加粗为新增部分）

（2）原因分析。

二氧化碳压缩机设计为透平驱动的离心式压缩机，原设计处理介质为 CO_2 气体。CO_2 分子量为 44，PSA-A 套解吸气的平均分子量为 17.98，由于两种气体分子量相差较大，改变了压缩机的运行性能，导致压缩机平稳运行受到影响，造成波动。

表 1-8 中列出了 PSA-A 套解吸气组成及平均分子量信息。

表 1-8　PSA-A 套解吸气组成及平均分子量计算表

序号	各组分含量,%					平均分子量
	H_2	CH_4	CO	CO_2	N_2	
1	53.56	8.1	7.5	29.57	1.27	
2	52.23	5.15	6.06	33.88	2.68	
3	46.89	8.49	6.56	37.65	0.41	17.98
4	52.02	6.17	6.87	34.35	0.59	
5	69.96	4.67	2.68	22.06	0.63	
平均值	54.93	6.52	5.93	31.5	1.11	

注：数据取自 2014 年 3 月厂 Limes。

（3）采取的措施及结果。

① 解吸气退出压缩机入口，隔离解吸气补入压缩机流程。

② 压缩机运行工况得到恢复。

③ 部分解吸气作为原料并入二氧化碳压缩机改造项目未取得实际效果。

（4）建议及经验推广。

① 离心式压缩机运行状态受气体密度及分子量影响较大。CO_2 和解吸气混合后平均分子量为 24.679，低于 CO_2 分子量。

② PSA-A 套和 PSA-B 套两套装置解吸气混合后，平均分子量为 39.6，接近 CO_2 分子量。理论上会更符合压缩机的平稳运行状态。

③ 活塞式压缩机受混合气体密度及分子量影响较小，不会明显影响压缩机的安全运行。

18. 实施转化气作为二氧化碳单元再沸器热源改造

（1）事例描述。

10×10^4 t/a 甲醇装置转化气来自转化炉出口，温度在 830℃左右。经过转化气余热锅炉 E101 换热后温度降至 290℃，于 E103 与锅炉水换热后温度降到 150℃，经过转化气第一气液分离器 F101 进行分液后去精馏单元作为预精馏塔再沸器热源。经过分液后把脱盐水由 30℃加热到 95℃后进入除氧间。2010 年实施回收 30×10^4 t/a 甲醇装置蒸汽冷凝液改造后，由于蒸汽冷凝液温度高，经转化气加热后与脱盐水混合进入脱盐水预热器 E104 的水温由 43℃左右升高到 105℃以上，造成 E104 超温运行，10×10^4 t/a 甲醇装置转化系统热能出现过剩现象。

10×10^4 t/a 甲醇装置二氧化碳单元两台再沸器原设计均采用低压蒸汽作为热源，设计每小时消耗蒸汽 28t 以上，由于蒸汽热源的紧张不仅导致 CO_2 产量低，制约了甲醇产量，还影响到 30×10^4 t/a 甲醇装置蒸汽冷凝液回用量的提高。通过改造将转化系统过剩的热能与二氧化碳单元进行有机结合，可以很好地利用装置低温热，减少蒸汽消耗，提高 CO_2 产量，同时可以提高甲醇产量，为降低装置能耗开辟新途径。

（2）原因分析。

① $30×10^4$ t/a 甲醇装置蒸汽冷凝液的回收利用增加了 $10×10^4$ t/a 甲醇装置转化系统的热能，导致转化系统热能过剩，造成换热器处于高温运行状态，不仅影响设备运行，还影响到 $30×10^4$ t/a 甲醇装置蒸汽冷凝液回用量。

② $10×10^4$ t/a 甲醇装置二氧化碳单元蒸汽耗量大，装置蒸汽热源紧张，进一步影响到 CO_2 产量及溶液的降解，造成二氧化碳单元运行效率下降。

③ 装置的热能需要得到合理利用，成功实现优势互补。

（3）采取的措施及结果。

① 实施改造，提高二氧化碳单元原再沸器 E110-7B 压力和材质等级，将部分转化气引入二氧化碳单元作为再沸器热源替代部分低压蒸汽。

② 增加转化气分离器，将冷凝后的工艺冷凝液回收至转化气冷却器 E106 前，然后进入闪蒸槽进行处理。

③ E104 出口温度由原来的 105℃ 降至 85℃ 左右。$30×10^4$ t/a 甲醇装置蒸汽冷凝液的回用量由改造前 15t/h 左右增加至 45t/h，大幅降低了 $10×10^4$ t/a 甲醇装置脱盐水量，年创经济效益 300 万元以上（该效益取决于两套甲醇装置同时运行时间）。

④ 节省了 2~3t/h 的蒸汽消耗量，年创经济效益 90

万元以上。

⑤ CO_2产气量提高了 350~450m^3/h，每天增产甲醇 7~9t，年创经济效益 250 万元以上。

⑥ 在 30×10^4t/a 甲醇装置停运的情况下，该措施可作为调节 10×10^4t/a 甲醇装置精馏热源的有效手段。

图 1-4 为实施转化气作为二氧化碳单元再沸器热源改造项目流程简图。

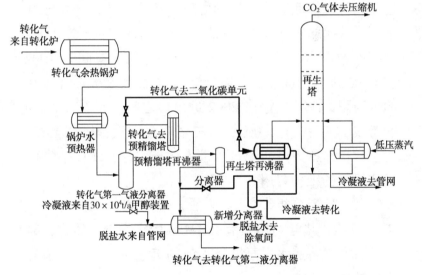

图 1-4　实施转化气作为二氧化碳再沸器热源改造项目流程简图
（加粗为新增部分）

（4）建议及经验推广。

① 两套甲醇装置同时运行可实现优势互补，获得最佳运行模式，创造经济效益最大化。

② 单套甲醇装置运行状态下，可以有效增加热能调节手段。

19. 汽提塔底水输送泵跨线改造，实现汽提塔底水自压利用

（1）事例描述。

$30×10^4$t/a 甲醇装置自 2006 年投运以来，汽提塔T002 汽提效果差，运行过程不但需要采用低压蒸汽进行加热，而且汽提后的冷凝液无法达到蒸汽冷凝液品质而排入污水系统，造成低压蒸汽和冷凝液的浪费。经改造，将汽提塔底水排入厂动力车间作为循环冷却水池补水用，替代部分新鲜水使用量。汽提塔底水输送泵 P002 承担向循环水场输送不合格底水的作用。车间对 T002 和 P002 进行论证分析，通过计算 T002 底水去循环水池的管线阻力降，决定在 P002 进出口之间加装 DN200mm 的跨线，然后停运 P002，汽提塔底水靠汽提塔 0.1MPa 的正常操作压力可实现自压进入循环水池，从而节省电费和机泵的维护费用。

（2）原因分析。

① 汽提塔运行中具有 0.1MPa 的正常操作压力，靠自压可实现将底水送至循环水池的工艺条件，从而节省机泵的用电成本。

② 在汽提塔水质达不到蒸汽冷凝液使用品质的情况下，P002 不需要达到设计扬程进行使用。

③ 汽提塔底水经化验分析，符合循环水水池补水要求，可以替代部分新鲜水，降低成本。

（3）采取的措施及结果。

① 实施改造，将汽提塔底水引至厂动力车间循环

水池进行利用。每小时可节省 5～6t 的新鲜水消耗量，每年节约水费 7.8 万元以上。

② 在 P002 进出口之间加装跨线，成功停运 P002。电机功率为 30kW，每年可节省电费 5.9 万元以上。

③ 减少了机泵的维护检修费用。

（4）建议及经验推广。

创新思路应随着操作条件、设计条件的改变而调整，小改造也能取得很好的效果。

20. $10 \times 10^4 t/a$ 甲醇装置中压蒸汽管网操作注意事项分析

（1）事例描述。

2015 年 1 月 3 日 20：22，厂 $10 \times 10^4 t/a$ 甲醇装置中压蒸汽管网压力 PI129 由 3.06MPa 上升至 3.13MPa，中压蒸汽管网温度 TI128 由 241℃ 下降至 234℃，20：23 合成压缩机透平中压蒸汽温度在 6min 左右由 375℃ 下降至 250℃。由于中压蒸汽温度过低，压缩机转速由 10500r/min 下降至 10059r/min，压缩机调速阀开度由 80% 开至 100%，导致合成压缩机润滑油压力由正常时的 1.0MPa 降至 0.86MPa 时，透平驱动油泵转速下降（辅助油泵自启），低压蒸汽管网压力增长至 0.38MPa。由于合成压缩机转速下降较多，合成压缩机入口压力由 1.61MPa 增长至 2.23MPa，转化原料气负荷由 8800m³/h 迅速降至 6150m³/h，造成装置出现较大波动。

（2）原因分析。

① 装置在满负荷正常生产时，每小时向动力车间中压蒸汽管网输送中压蒸汽约12t，输送量依据装置内管网压力通过调整中压蒸汽界区闸阀控制，目前可通过新增的自动控制阀控制。

② 由于改造前期装置出现的转化管花管问题，为控制转化管外壁温度在指标内，装置处于降温降负荷运行状态，中压蒸汽产汽量较正常状态有所下降，造成中压蒸汽外送量下降。

③ 由于中压蒸汽外送量下降，因此装置内中压蒸汽管网压力与动力中压蒸汽管网压力接近，装置内的过热中压蒸汽和动力车间至 10×10^4t/a 甲醇装置蒸汽管网蒸汽流动慢，蒸汽温度在某些区间低于饱和蒸汽温度，有少量冷凝水形成。

④ 事件发生前动力中压蒸汽管网压力升高，接近饱和蒸汽温度的中压蒸汽进入装置内管网，将含有少量冷凝水的蒸汽带入蒸汽系统，导致合成压缩机与透平驱动油泵进口中压蒸汽温度迅速下降，压缩机和透平驱动油泵转速出现大幅波动，引起装置波动。

（3）采取的措施及结果。

① 现场加大蒸汽管路各排凝点的冷凝液排放。

② 迅速开大蒸汽进压缩机透平前输水排凝阀，进行排凝。

③ 外操关闭界区中压蒸汽大阀。

④ 中压蒸汽管网温度 TI128 上升，压缩机及装置逐步稳定。

⑤ 停压缩机备用油泵。

（4）建议及经验推广。

① 厂动力车间至装置内的中压蒸汽管路全线应保持蒸汽的正常流通，主操应经常关注装置内中压蒸汽管路测温仪表，防止该线出现积液现象。

② 在装置中压蒸汽产汽量减少或出现异常，自产蒸汽压力与动力蒸汽管网压力接近的情况下，中压蒸汽管路就会因蒸汽流通缓慢出现积液现象。

③ 操作人员应经常关注界区中压蒸汽管路的温度显示，正常时装置自产蒸汽温度显示值应高于动力蒸汽管网温度，接近装置内的过热蒸汽温度，蒸汽管路就不会出现积液现象。

④ 中压蒸汽管网温度较过热蒸汽温度越低，说明管路中积液现象越严重，应及时采取开大全线排凝点的措施处理。

21. 开工期间装置中压蒸汽并网节点的控制及注意事项

（1）事例描述。

装置在开工升温过程中，当转化单元自产蒸汽压力高于外界管网压力、自产蒸汽过热温度高于界区管网蒸汽温度时，装置自产蒸汽就具备了并网条件，这是操作规程确定的并网操作规范。每次开工都要执行蒸汽并网步骤，在执行蒸汽并网操作过程中，多数情况下都能够实现转化炉蒸汽加热段温度的平稳过渡，只出现短暂超温或者不超温实现并网操作。但也会出现蒸汽并网前蒸汽加热段温度正常，中压蒸汽执行并网操作后却出现蒸汽加热段温度长时间超出设计指标 50~100℃ 运行，对换热设备的安全运行及使用寿命构成威胁。

（2）原因分析。

① 蒸汽加热段外的热介质是转化炉高温烟气，在并网过程中不会出现大幅升温、降温现象。

② 蒸汽并网动作前蒸汽加热段温度运行正常，是因为自产蒸汽过热后通过放空管泄放，蒸汽泄放流量保证了换热设备的正常温度。

③ 执行并网操作后，并入的管路压力为 2.5~3.0MPa，且蒸汽用户及用量少，造成自产蒸汽通过蒸汽加热段的流量降低，冷介质流量下降造成蒸汽加热段蒸汽过热温度超指标。

④ 开工升温期间，自产蒸汽量低导致压力不高是造成蒸汽加热段温度超标运行的另一原因。

（3）采取的措施及结果。

① 通过加大工艺蒸汽使用量来提高自产蒸汽流量，控制蒸汽加热段温度。

② 减少界区中压蒸汽使用量，从而降低自产过热蒸汽并入压力，提高蒸汽流量来控制蒸汽加热段温度。

③ 适当开启压缩机透平入口蒸汽放空阀，通过降低中压蒸汽总管压力，提高自产蒸汽流量，控制蒸汽加热段温度。

（4）建议及经验推广。

① 自产蒸汽并网前应使汽包产汽控制阀尽量保持大开度或全开状态，自动控制阀全开状态下自产蒸汽流量不被限制，产生的汽包压力不是在"憋压"状态下的真实状态，并网后可有效防止蒸汽过热段设备超温。

② 通过总结，在汽包产汽压力控制阀全开（或较大开度）状态下，选择在转化蒸汽升温期间（500℃恒温结束）后、自产蒸汽压力和温度高于管网条件时进行蒸汽并网操作，可最大限度地保证蒸汽加热段的温度控制。

22. 工艺调整需要防范腐蚀带来的危害

（1）事例描述。

2014年10月，某化工装置在正常运行期间，中变气管路的弯管（ϕ508mm×12.7mm）突然发生爆裂，大量可燃气体喷出，引发着火事故。该事故造成15m外的一位取样女职工受伤，旁边泵房外墙全部烧毁，部分仪表设施设备烧坏，装置紧急停工，事故直接经济损失约300万元。该装置发生管道爆裂事件时正处于正常运行过程，且管线没有受到外力损伤，装置在事故发生前近几个月内未发生大幅波动或异常。

（2）原因分析。

① 该装置中变气来自加热炉，设计压力3.68MPa，加热到290℃后进入锅炉水加热器换热，中变气温度控制在210℃以上进入中变反应器进行化学反应。在实际操作中，由于该装置在较长时间内没有实现满负荷运

行，因此中变气经过锅炉水加热器后温度无法达到设计温度进入中变反应器，操作中通过开启锅炉水加热器的旁路控制阀进行温度控制，而正常流程(2#管道)流通气量非常小，从而实现装置的工艺生产要求。

图1-5为某化工装置工艺简图。

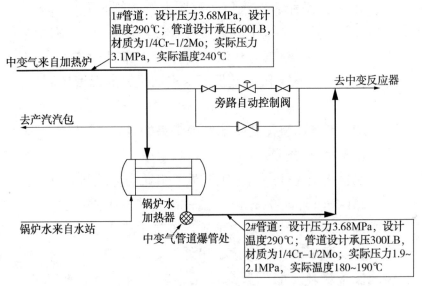

图1-5　某化工装置工艺简图
(加粗为1#管道和2#管道)

② 该管道设计压力为3.68MPa，设计温度为290℃。在实际操作中，为了提高中变气进入反应器的温度，该装置在较长时间(约8个月)内一直采用中变气不经过锅炉水预热器，而是走旁路进入反应器进行调节控制，主管道在实际操作中仅采用微开方式防冻，实际压力远低于设计压力，工艺调整未考虑到露点腐蚀现象的产生。

③ 1#管道实际压力为 3.1MPa，温度为 240℃。发生爆裂处的 2#管道实际压力为 1.9~2.1MPa，由于没有设计远程传递温度仪表，现场也无温度计，致使操作环境具备了形成露点腐蚀的条件。

④ 该管道内气质设计组成如下：44.8%H_2，14.849% CO_2，36.29%H_2O，2.449%CO，1.373%CH_4，0.121%C_2H_6，0.054%Ar。查饱和蒸气压在 3.1MPa 下的水的饱和温度约为 237℃，饱和蒸气压在 1.9MPa 下的水的饱和温度约为 209℃。由于爆管处的管线在约 8 个月的时间里低于设计压力条件工作，因此在 2#管道具备了 CO_2 溶于水形成了酸腐蚀的条件，且 H_2 含量为 44.8%，同时具备了氢腐蚀条件。

表 1-9 为水的饱和蒸气压与温度对应关系表。

表 1-9　水的饱和蒸气压与温度对应关系表

温度,℃	饱和蒸气压，kPa	温度,℃	饱和蒸气压，kPa
211	1944.6	220	2317.8
213	2023.2	237	3171.8
214	2063.4	246	3712.1

⑤ 在同压力等级，操作参数及条件相同的同一条工艺管道上，在存在腐蚀介质及腐蚀条件的前提下，查图纸却发现 1#管道设计承压为 600LB，壁厚为 15mm，而 2#管道设计承压为 300LB，壁厚为 12.7mm，两条管道压力等级不同。因此，在设计方面存在材质使用等级考虑不周的隐患。

⑥ 出现爆管的弯头设计壁厚为 12.7mm，爆裂启裂于管外弯头壁厚最薄处（小于 1.0mm）。爆裂弯头显示内壁存在腐蚀及冲刷痕迹，因此判定管道内存在腐蚀冲刷。

⑦ 该装置发生弯管爆管的原因如下：腐蚀冲刷造成弯管壁厚减薄，当弯管无法承受 3.1MPa 的工作压力时，弯管从腐蚀冲刷的最薄处突然撕裂。由于管道内含有浓度较高的 H_2、CO_2 等可燃气体，在高压气体大量喷出的过程中产生静电，进而导致着火事件。

（3）采取的措施及结果。

① 装置紧急停工，退守到安全状态并置换合格。查找事件原因，更换管件。

② 将爆裂管件送专业石油化工设备检测单位进行检测鉴定。鉴定结果如下：

冲刷腐蚀是导致管件发生爆裂的主要原因，根据出口管运行操作压力为 3.1MPa、操作温度为 200℃，中变气组成（44.8% H_2，14.849% CO_2，36.29% H_2O，2.449% CO，1.373% CH_4，0.121% C_2H_6，0.054% Ar）可知：水的冷凝点约为 190℃，压力恒定在 3.1MPa。当温度低于 190℃ 时，会有冷凝水析出；此外，介质中含有 14.849% CO_2，分压为 0.48MPa，将会发生 CO_2 腐蚀。

（4）建议及经验推广。

① 在实际生产过程中，当操作压力不变时，管道内易冷凝腐蚀的介质实际控制温度一定要高于饱和蒸汽压力。

② 对管线的其他部位进行检测，尤其是管盲端、测温测压管、不流动区域等容易低温冷凝的部位，及时发现并防止其他管路或设备存在易腐蚀介质温度低于饱和蒸汽温度造成的腐蚀危害。

③ 实际操作中应控制管道内混合气体介质的流速在 3~10m/s 范围内，避免流速过高引起冲刷。

④ 露点腐蚀在炼油化工装置中具有广泛的存在性和危害性。生产中不仅要关注烟气腐蚀、硫腐蚀等容易引起关注的腐蚀现象及部位，同时还要注意在工艺调整、指标下达、指标控制等多方面消除露点腐蚀、腐蚀性气体存在的腐蚀环境，从而确保设备及工艺管道长周期安全运行。

23. 中压蒸汽系统采用自动控制操作带来的有利影响

（1）事例描述。

$10×10^4$t/a 甲醇装置中压蒸汽系统用于天然气蒸汽转化、合成压缩机透平驱动、中压减低压蒸汽系统降焓使用等，对甲醇装置的平稳运行、异常期间的应急处理及节能降耗有着极为重要的作用。装置中压蒸汽系统设计压力为 4.0MPa，温度范围为 350~450℃，管道直径 DN150mm。装置中压蒸汽管道与动力锅炉外送至装置的中压蒸汽管网相连，装置开停工或异常情况下需要外用中压蒸汽流量最大约 35t/h，装置正常运行后具有较为富裕的自产中压蒸汽能力，因此具有可调配外送全厂中压蒸汽的产能，且通过外送量（正常外送量在 5~10t/h）

来平衡装置与全厂的蒸汽平衡；自产中压蒸汽还可以通过减温、减压供装置低压蒸汽设备及工艺使用，具有较为灵活的调配能力。

由于外管网与装置内的蒸汽系统原设计采用DN150mm的手动闸阀进行控制调整，因此造成操作人员需要经常到现场管廊进行调节，既带来较大的劳动强度，而且对蒸汽系统的平稳运行带来影响，同时在装置出现应急情况时无法实现快速有效处理，为安全生产带来隐患。

（2）原因分析。

① 原设计采用现场手动闸阀进行调节，造成装置自产蒸汽系统和全厂中压蒸汽系统衔接困难，在应急状态下调节滞后。

② 蒸汽系统相连系统较多，使用机组、设备及工艺用户多，人工调整存在诸多受限和不利因素。

③ 中压和低压蒸汽管网受温度、压力、流量等参数影响大，多项参数存在较大的隐性变化，为操作人员的提前预判和分析带来较大困难，难以满足生产要求。

（3）采取的措施及结果。

① 在原外管网与装置内的蒸汽系统管道上新增自动控制阀，并将控制条件接入全装置DCS系统，现场条件与仪表机柜连接。

② 控制画面在DCS控制系统进行组态，增加压力控制参数及仪表，新增控制压力表取代原设计压力控制存在的缺陷，优化新增压力控制系统的全管网调节能

力。采用多种手段解决了 10×10^4 t/a 甲醇装置中压蒸汽系统一直采用现场控制的诸多不利因素。

③ 该项目投入运行后，极大地提高了 10×10^4 t/a 甲醇装置中压蒸汽系统的平稳控制效率，增加了异常情况下的应急处理手段。

④ 实现了装置自产中压蒸汽系统与全厂中压蒸汽管网的高效平稳衔接，极大地降低了操作员工的劳动强度。

⑤ 通过投入运行，使外管网与装置蒸汽管网实现了平稳无缝对接。不仅提高了装置的操作平稳率，还为全厂的节能降耗工作做出了突出贡献。

（4）建议及经验推广。

① 全装置的平稳控制能力得到了有效提高，核心设备转化炉温度得到更加高效控制，脱盐水等用量进一步下降，单吨甲醇综合能耗下降了 2~4kg 标准油，创造了明显的经济效益。

② 对于频繁、复杂的调整，应考虑通过自动控制操作取代人工调整，既可以节省劳动力，又可以实现超前、平稳运行的目的。

24. 压缩机入口转化气温度对甲醇生产带来的影响分析

（1）事例描述。

10×10^4 t/a 甲醇装置转化气受换热设备运行效率、装置生产负荷及操作等影响，温度会发生不断变化。2003 年

6月，甲醇装置转化气进入合成压缩机的温度出现持续上涨现象，通过开大换热器冷却循环水量、降低循环水温度等多项措施进行调整，但效果不明显。转化气温度由26℃逐步上升到34℃，造成压缩机一级缸入口压力上升、新鲜气吸入量下降、甲醇产量下降等多项不利生产局面。

（2）原因分析。

① 温度升高，造成转化气中水蒸气含量上升，影响压缩机做功。

表1-10为转化气气相中饱和蒸汽含量表，表1-11为压缩机部分设计参数表。

表1-10 转化气气相中饱和蒸汽含量表

压力，MPa	温度，℃	蒸汽含量，%
2.19	26	0.165672
2.19	34	0.262132

表1-11 压缩机部分设计参数表

额定转速 r/min	一段吸入流量 m³/h	一段吸入压力 MPa	出口压力 MPa
11055	42000	2.19	6.69

通过2.19MPa下气相中饱和蒸汽含量，计算减少的入口转化气量为（0.26132% - 0.165672%）× 42000 ≈ 40.5m³/h。

入口转化气温度升高对压缩机吸入气量的影响分析如下：

同工况下通过理想气体状态方程 $pV=nRT$ 可得入口转化气温度由 26℃ 上升至 34℃ 时对压缩机入口气影响量计算如下：

$$\Delta V = \Delta T / T \times V$$
$$\Delta V = (34℃-26℃)/(273℃+34℃) \times 42000 m^3/h$$
$$\approx 1099 m^3/h$$

② 降低压缩机进口转化气温度对甲醇成本的影响。

以装置每小时产粗甲醇 17t，粗甲醇含水 20%，压缩机每小时消耗中压蒸汽 39t（中压蒸汽价格为 86 元/t，转化为低压蒸汽价格为 48 元/t），粗甲醇转化成精甲醇收率 77% 计算，得出：

1t 精甲醇压缩机做功消耗成本为 $39 \times (86-48) \div 17 \times 0.77 \approx 113.22$ 元。1t 精甲醇压缩机做功消耗成本降低值为 $113 \times 1099 \div 42000 \approx 2.96$ 元。

③ 压缩机入口气量减少使精甲醇固定成本上升的分析。

推算 1t 精甲醇制造成本占全部固定费用的 8%，1t 粗甲醇实际控制成本以 920 元计算，则 1t 精甲醇固定费用为 $920 \times 0.08 = 73.6$ 元。

实际生产状态下，1t 粗甲醇消耗原料 $42000 \div 17 \approx 2470 m^3$。

在压缩机正常运行情况下，每天可增加粗甲醇产量 $1099 \div 2470 \times 24 \approx 10.67t$。

（3）采取的措施及结果。

① 增加循环水泵的启动数量。

② 减少其他可调控冷换设备的循环水使用量来降低转化气温度。

③ 适当降低原料气负荷。

（4）建议及经验推广。

① 转化气温度对离心式合成压缩机运行效率有着较大影响，并对甲醇装置产量及能耗造成影响。

② 实际生产中，在不考虑管道及设备腐蚀等因素的情况下，较低的温度更利于压缩机运行和甲醇生产。

25. 锅炉水强制循环泵出口循环量对转化中压蒸汽产汽量的影响

（1）事例描述。

2018 年 9 月，10×10^4 t/a 甲醇装置检修后点炉开工。转化炉 TR148 已升温至 800℃，原料天然气负荷也已提高至 7000～7500m³/h，在此运行条件下，转化中压蒸汽汽包 F105 压力仅能维持在 2.4～2.6MPa（控制指标 3.2～3.8MPa），产汽量与实际工况应有的产汽压力严重不匹配。通过采用增点隧道烧嘴、过热烧嘴等调整手段，均无法实现装置中压蒸汽产汽量和产汽压力正常，导致合成压缩机转速无法提至额定转速，工艺蒸汽量不足，制约了装置进一步提高原料天然气处理量，装置的开工及正常生产受到严重影响。

（2）原因分析。

① 开工过程锅炉水强制循环泵 P101 循环量调整至 240～260t/h，随着开工进程转化炉温度的不断升高，工

艺没有及时增加该泵的循环量。

② 装置忽略了转化炉锅炉水强制循环泵出口水量对中压蒸汽产汽量影响的重要性。

③ 除盐水经强制循环泵送入转化炉对流段烟道气废热锅炉后，可以有效带走烟道气废热锅炉处的高温烟气热量，除氧水加热后转换为中压蒸汽进入转化汽包，增加了转化汽包中压蒸汽产汽量。但随着转化炉出口转化气温度的提高，除盐水强制循环泵 P101 的出口量没有得到及时调整提高。

（3）采取的措施及结果。

① 依据电流，将锅炉水强制循环泵 P101 出口循环量由 240~260t/h 提高至 410~430t/h。

② 转化汽包压力开始逐步上升。

③ 在转化炉原料处理量不变、工艺蒸汽量不变、转化炉温度 TR148 不变的情况下，转化汽包压力由 2.4~2.6MPa 逐步上升至 2.3~3.6MPa，达到指标范围。

④ 转化汽包产汽量由调整前的 34~37t/h 上涨到 45~47t/h，中压蒸汽产汽量提高了 10t/h，调整取得的效果非常明显。

（4）建议及经验推广。

① 锅炉水强制循环泵启动后，流量参数应根据转化炉温度的升高而及时提高。

② 锅炉水强制循环泵出口流量过小，无法有效取走转化炉对流段产汽锅炉的烟气热量，生产中存在锅炉超温的风险。

③ 锅炉水强制循环泵出口流量及时增大，可以有效取走转化炉对流段产汽锅炉的烟气热量，既保护产汽锅炉不超温，且中压蒸汽增产效果明显。

④ 工艺操作应关注每一个参数的变化，并依据设计指标进行调整。

图 1-6 为锅炉水强制循环泵产汽流程简图。

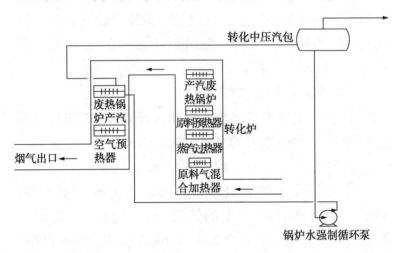

图 1-6　锅炉水强制循环泵产汽流程简图

第二章

合成精馏工序

一、技术问答

1. 为什么合成反应中温度起关键作用？

答： 从甲醇合成反应的化学平衡来看，温度低对提高甲醇收率是有利的；而从反应速率来看，提高反应温度能提高反应速率，因此必须兼顾这两个条件，选择最适宜的操作温度。这样就取决于选用催化剂的性能，同一种反应在不同催化剂上要求反应分子的活化能是不同的，温度过低达不到催化剂活性温度，反应不能进行；温度太高不但增加了副反应，消耗合成气量增多，而且反应过分剧烈，温度难以控制，容易使催化剂衰老失活。

2. 为什么合成气中氢气要过量？

答： 从化学平衡来看，H_2和CO合成甲醇时的分子比为 $2:1$，而在实际生产中按此配比组成的合成气，合成甲醇时的转化率相当低。当H_2过量时，甲醇的产率有明显改善，这主要是由于CO的吸附速率比H_2快，尤其在高空速生产条件下，尽管H_2的扩散速率比CO快，但CO的吸附速率比H_2要高得多。为使吸附相中H_2和CO分子比达到化学计算量，尤其在铜基催化剂上吸附速率高，选用气相浓度$H_2:CO$为 $10:1$ 的比例进行操作，当反应温度为 275～300℃时，H_2：CO大于 3：1 时，CO 的转化率才出现平稳。

3. 进合成塔气体中甲醇含量如何控制？

答：进塔气体中的甲醇是由循环气带入的，进塔气体中甲醇含量高，会影响合成反应的平衡速度，同时使反应副产物增加，催化剂床层温度下降，因此进塔气体中甲醇含量越低越好。进塔气体中甲醇含量主要与甲醇冷却器的冷却温度、合成反应系统压力和甲醇气液分离器的分离效率有关。当合成反应系统压力和甲醇气液分离器的分离效率一定时，进塔气体中甲醇含量取决于合成反应系统粗甲醇循环水冷却器的甲醇冷后温度。生产中降低循环水冷却器的温度，即降低循环气体中甲醇的平衡分压，甲醇含量也会降低。同时，低温可以增加气、液的重度差和黏度差，提高合成反应系统甲醇分离器的分离效率。因此，甲醇冷却器冷却温度是决定进塔气体中甲醇含量的主要因素。此外，采用高效分离技术和设备、严格控制分离器的液位等也是降低进入合成塔气体中甲醇含量的重要措施。

4. 合成塔出塔气体温度高的原因及处理方法？

答：合成塔出塔气体温度高的原因及处理方法如下：

（1）合成塔内反应剧烈，生产负荷重，反应产生热量大，出口气体带出热量多。

处理方法：

① 合成气CO含量高，合成塔负荷重。需根据合成塔允许压差，加大合成反应气循环量，以适当降低反应温度。

② 合成反应器循环量小、反应热量不变时，合成塔出塔气体温度增高。加大循环量以降低合成塔出口温度。

（2）合成塔内热交换器传热效果差，反应热被大量带出塔外。

处理方法：

① 合成塔内的热交换器被催化剂粉末堵塞或传热面积太小时，应减轻塔负荷，维持出塔气体温度不要超过规定温度。

② 加大合成塔内热交换器的取热介质锅炉水量。

5. 采用什么方法调节合成环路压力和驰放气量？

答：可根据合成反应系统的负荷量、合成环路的气质组成对合成环路压力进行调节：

① 通过调整合成压缩机循环气量的高低来调节合成环路压力：循环气量高，合成环路压力高；循环气量低，合成环路压力低。

② 通过增减转化工段原料气负荷来调节合成环路压力：转化工段原料气负荷高，合成环路压力高；转化工段原料气负荷低，合成环路压力低。

③ 通过控制合成气气体组成来调节合成环路压力：

合成甲醇有效气体分压低，合成环路压力高；合成甲醇有效气体分压高，合成环路压力低。

④ 通过调整合成压缩机转速来调节合成环路压力：转速高，合成环路压力高；转速低，合成环路压力低。

合成反应系统驰放气量的调节主要依据合成气气质组成来进行判断，CH_4、N_2 等惰性气体含量高，要加大驰放气的排放；反之，则要降低驰放气的排放，防止合成甲醇的有效气体 CO、CO_2、H_2 的浪费。为防止惰性气体的积累，正常生产过程要对驰放气按比例进行一定量的持续排放。

6. 预精馏塔底温度和液面高度对预精馏有何影响？

答：塔底温度是控制塔底预加热后甲醇初馏点的主要参数，塔底温度的变化将对全塔的热平衡产生影响。塔底预加热后甲醇初馏点是预精馏塔的主要控制指标，因此塔底温度的变化对预精馏塔产生重要影响。

塔底液面变化是塔物料平衡改变的直接反映。塔底液面升高或下降，表明进料量与进料性质可能发生变化，也可能与塔底温度变化、塔顶馏出量变化、塔底抽出量变化、塔顶压力变化或仪表失灵有关，如不及时调整，会破坏塔的平衡操作。

7. 预精馏塔发生冲塔的原因是什么，如何处理？

答：预精馏塔正常操作中，气相和液相负荷相对稳定；当气相和液相负荷都过大时，蒸汽通过塔板的压降增大，使降液管中液面高度增加；当液相负荷增加时，出口堰上液面高度增加，当液体充满整个降液管时，上、下塔板液体连成一片，分馏完全被破坏，即出现冲塔。

形成塔内气相和液相负荷过大的各因素都可以引起冲塔，如原料处理量、塔底供热量和塔顶回流量过大等。

发生冲塔时，因预精馏塔内分馏效果变差，破坏了正常的传质、传热，致使塔顶温度、压力、回流温度均上升，塔底液位突然下降。

处理冲塔的原则是降低气相负荷。

8. 某预精馏塔进料量小于正常值，但塔顶和塔底产品均不合格，可能的原因是什么，如何调节？

答：如果该塔进料负荷小，但塔顶和塔底产品不合格，说明该塔处于不正常操作状态，应该检查塔的加热量是否减小，这是因为一般操作的规律是随负荷变小，加热量也应调小。当塔内出现雾沫夹带现象时，即使保持正常的回流量/进料量之比，塔顶和塔底产品也不合格，遇到这种情况，应首先缓慢提高加热量，使气相和液相负荷缓慢加大，然后加大回流比，这样塔顶和塔底产品会逐步合格。

9. 精甲醇水溶性不合格的原因是什么，应如何处理？

答：精甲醇水溶性不合格的原因在于主精馏塔重组

分脱除不完全。

处理方法如下：

（1）在进料量不变的情况下，减少精甲醇采出量；

（2）加大杂醇油采出量；

（3）加大塔底水采出量；

（4）必要时可停塔重开。

10. 精甲醇中乙醇含量超标应怎样处理？

答：处理方法如下：

（1）加大杂醇油采出量；

（2）主精馏塔控制回流比，减少精甲醇采出量；

（3）减负荷生产；

（4）萃取液工艺优化。

11. 什么是精馏过程的"三大平衡"，操作中如何运用"三大平衡"的关系？

答：精馏过程的"三大平衡"是指物料平衡、气液相平衡和热平衡。三大平衡相互影响，相互制约。精馏塔的实际生产操作就是围绕三大平衡进行。物料平衡在三大平衡中最为关键，调整最为频繁。物料平衡被打破，气液相平衡一定会发生改变，将会导致产品质量不合格，精馏塔压力、全塔温度、塔底液位等发生变化。气液相平衡是实现塔内混合液不断进行汽化、冷凝，实现气相和液相传质、传热的保证。精馏塔如果失去良好的气液相接触环境，各组分就失去了分离条件，精馏也就无从谈起。气液相平衡主要体现了产品质量和损失情况。良好的气液相平衡主要依靠精馏塔的操作条件(温度和压力)及塔盘气液相接触环境实现。在一定的压力下，保证了塔的温度，也就保证了气液相平衡。热源的稳定是保证气液相平衡的基础。热源做出调整后，全塔的压力降和温度都会出现较大波动，操作要随热源的调整做出相应改变(如增加进料量、加大回流量等)，从而使塔内逐步形成新的正常平衡，保证精馏塔正常运行及产品合格。物料平衡和热平衡是气液相平衡的保证。合适的热平衡才能保证精馏塔的气液相平衡。精馏塔热量高，塔内气相负荷相对过大，气速过大易形成雾沫夹带、冲塔等；精馏塔热量不足，又会造成气相负荷小，塔生产能力下降，塔内传质、传热效率差，影响产品质量和收率。精馏塔操作中通常以控制物料平衡为主，相应调节热量平衡，最终达到气液相平衡的目的。

12. 回流比的大小对精馏塔的操作有何影响?

答：回流比是指回流量与塔顶产品量之比。回流比的大小是根据各组分分离的难易程度(即相对挥发度的大小)以及对产品质量的要求而确定的。对于二元或多元物系，回流比由精馏过程的计算确定(主要由全塔的热平衡确定)。在生产过程中，精馏塔的塔板数或理论塔板数是一定的，增加回流比会使塔顶轻组分浓度增加、质量变好。对于塔顶和塔底分别得到一个产品的简单塔，在增加回流比的同时要注意增加塔底重沸器的蒸发量；对于从塔顶得到产品的精馏塔，增加回流比可以提高产品质量，但会降低塔的生产能力，增加水、电、汽(能源物质)的消耗，造成塔内物料的循环量过大，甚至导致液泛，破坏塔的正常操作，但精馏段轻组分得到提纯。回流比过小，则塔板液相减少，气液两相传质效果不好，造成塔底重组分带到塔顶，严重时造成塔顶产品质量不合格。回流比增大，再沸器和冷凝器的热负荷增大，加热剂和冷却剂的消耗量也按比例增加，这两部分是精馏塔操作费用的主要部分，因此操作费用也随之增加，但是达到产品质量要求所需的理论塔板数减少，设备费用降低。因此，应选择最适宜的回流比。

13. 精馏塔压力对精馏操作有何影响？

答：在实际操作中，精馏塔的主要控制参数为温度、流量和压力。温度和压力又有着非常密切的联系，精馏塔压力对精馏操作主要会造成以下方面的影响：

(1) 引起温度和各组分间对应关系的混乱。温度是控制和衡量产品质量的间接标准，但这只有在恒定的压力下才是正确的。

(2) 压降增大，组分间的相对挥发度降低，分离效率下降。

(3) 影响气液相平衡。压降增大，气相中低沸点组分减小，轻组分浓度会相应提高，导致液相量增加，气相量减少，从而影响到气液相平衡，进一步导致回流量、液位等参数发生变化。实际操作中塔压变化往往表示塔内气液相平衡发生了改变，其对精馏塔的操作非常关键。

14. 在实际操作中如何快速判定物料平衡？

答：物料平衡是指单位时间内进塔的物料量应等于离开塔的总物料量之和，其主要是靠进料量和塔顶、塔底出料量来调节的。操作中，物料平衡的变化具体反映在塔底液面上：

（1）当进料量大于出料量时，塔压上升，塔底液位上升，全塔温度下降，轻组分下移，产品收率下降，初馏点低。

（2）当进料量小于出料量时，塔压下降，塔底液位下降，全塔温度上升，重组分上移（灵敏板温度上升），产品质量不合格。

15. 实际生产中如何判定精馏塔的热平衡是否经济？

答：热平衡是指进塔热量和出塔热量的平衡，是气液相平衡和能量收支平衡、降低能量消耗、实现较好经济效益的重要手段。热平衡是物料平衡和气液相平衡得以实现的基础，反过来又依附于另外两个平衡。没有热的气相和冷的回流，整个精馏过程就无法实现。而操作压力、热源、温度的改变都会造成精馏塔热平衡改变，每块塔板上气相冷凝的放热量和液相汽化的吸热量也会随之改变，因此热平衡的控制直接体现在塔釜、塔顶温度的变化上，体现在回流量的变化上。热平衡对保证精馏塔产品质量、收率、污水达标排放至关重要。热平衡大，塔内气相负荷大，不仅不利于塔的控制，还会造成热源损耗大；反之，塔内气相负荷小，气液相传质、传热效果差，产品质量得不到保证。

16. 气液相平衡在实际生产中的具体体现是什么？

答：物料平衡和热平衡是气液相平衡的保证。在稳定的回流条件下，气相和液相多次逆流接触，进行相间扩散的传质、传热，气相中的轻组分浓度沿塔向上逐步增大，液相中的重组分浓度沿塔向下逐步增大，从而使物料中有关组成得到分离和提纯。气液相平衡被打破，精馏塔首先表现出的是塔压降的变化，全塔温度梯度得不到保证，进而出现产品质量不合格、塔底水排放不合格，精馏塔无法维持正常操作。

在实际操作中，气液相平衡不能像物料平衡一样通过计量仪表进行直观的计算和控制，而只能通过塔的压力、温度等变量进行分析和控制。塔压降和各层塔盘温度的变化最能直接、快速地反映出塔内气液相平衡的运行效果。正常操作过程中，在物料平衡没有发生明显变化的情况下，塔压降出现波动，各层塔板温度出现异常显示，回流槽液位和回流量减少，说明精馏塔内气液相平衡出现了问题，应尽快从物料平衡、热源的控制和调整、全塔温度梯度的控制、进塔物料组成的变化等方面采取举措。

17. 空速对合成甲醇转化率有何影响？

答：在反应温度和压力不变的情况下，空速越大，气体在催化剂表面接触的时间越短。空速小，气体在催化剂表面接触时间长，合成反应越接近平衡状态，单程转化率越高，但不是呈正比增加。转化率的提高比接触时间的增加幅度要小得多。因此，空速小，转化率虽然提高，但单位时间内通过的总气量小，总产量仍然较低。提高空速减少了接触时间，虽然转化率下降，但单位时间内通过的总气量增多，甲醇时空产率相应增加。通过实践证明，甲醇时空产率在一定条件下与空速呈正比关系。

18. 实际生产中，如何通过操作判断合成催化剂活性情况？

答：H_2、CO 和 CO_2 合成甲醇是放热反应，催化剂床层温度依靠反应列管外水浴温度进行控制。反应放出的大量热将脱盐水转化为饱和蒸汽，产生饱和蒸汽量的多少反映催化剂合成甲醇的效率情况，在一定条件下也体现出催化剂的活性情况。合成反应器产生的蒸汽量大，反映出催化剂活性较好，甲醇时空产率高；合成反应器产生的蒸汽量小，反映出催化剂活性下降，甲醇时空产率低。此外，在一定条件下，如催化剂活性较好，合成气中的 H_2、CO、CO_2 反应转化成甲醇的效率高，合成环路压力相对偏低；如催化剂活性下降，合成气中的 H_2、

CO、CO_2反应转化成甲醇的效率低，合成环路压力上升，这也在一定程度上体现出催化剂的活性情况。

19. 空速对合成甲醇质量有何影响？

答：在反应生成物不断移走、生成物浓度较低时，化学平衡向正方向移动。对于甲醇合成，催化剂表面的生成物通过气体被不断带走，使反应速率加快。同时，如果催化剂表面的生成物仍然停留在催化剂孔隙内，或者在孔隙内停留时间过长，生成物甲醇将会继续反应，使碳链增长，生成各种高级醇，部分反应如下：

$$CH_3OH + CH_3OH \longrightarrow C_2H_5OH + H_2O$$
$$CH_3OH + C_2H_5OH \longrightarrow C_3H_7OH + H_2O$$

因此，在进行合成甲醇反应时，应提高空速确保粗甲醇质量，力求将催化剂表面的生成物带走，防止停留时间过长加大副反应的可能性。

20. 决定合成催化剂空速的因素有哪些？

答：决定合成催化剂空速的因素如下：

（1）合成气循环量。合成气循环量越大，空速越高。

（2）催化剂床层压降。催化剂床层压降越大，空速越低；催化剂床层压降越小，空速越高。

（3）催化剂活性。催化剂活性好，空速低；催化剂活性差，空速高。

（4）排放惰性气量。排放惰性气量大，空速低；排放惰性气量小，空速高。

21. 甲醇合成生产一般有哪些要求？

答：甲醇合成生产的要求如下：

（1）原料气进塔前必须先清除对催化剂造成危害的有毒物质，尤其是设备、管道中的铁及镍的化合物。这些成分易导致催化剂生成羰基铁 $Fe(CO)_5$ 和羰基镍 $Ni(CO)_4$，使副反应增多。

（2）合成催化剂在 200℃以上开始反应，为了使整个催化剂床层均匀达到活化温度，入塔气体必须经过加热。同时，为了防止碳钢材质的设备及管路在高温下产生氢蚀以及便于粗甲醇的分离，出塔气体需要进行冷却。

（3）经合成反应生成的甲醇与未反应的 H_2、N_2、CO 和 CO_2 必须得到及时分离，降低反应生成物的浓度，以提高合成反应的平衡速度。

（4）由于合成甲醇气体一次通过催化剂生成甲醇的效率有限，因此合成气必须不断循环。同时为了保证催化剂合成甲醇的效率，需要排放合成气中的惰性气体（CH_4、N_2 等），该部分气体可作为装置燃料利用。

（5）控制好合成反应的温度和压力。压力高，有利于合成甲醇反应的进行，提高甲醇产量。温度高，催化剂活性好，但超过催化剂的有效活性区域，会造成副反应增多。

22. 合成反应单程转化率的计算方法是什么，有何重要性？

答：合成反应中CO和CO₂单程转化率的计算公式如下：

$$x_{CO} = \frac{V_{CO,\text{进口}} - V_{CO,\text{出口}} \times \dfrac{M_{\text{进口}}}{M_{\text{出口}}}}{V_{CO,\text{进口}}} \times 100\% \quad (2-1)$$

$$x_{CO_2} = \frac{V_{CO_2,\text{进口}} - V_{CO_2,\text{出口}} \times \dfrac{M_{\text{进口}}}{M_{\text{出口}}}}{V_{CO_2,\text{进口}}} \times 100\% \quad (2-2)$$

式中　x_{CO}，x_{CO_2}——分别为CO和CO₂的单程转化率，%；

　　$V_{CO,\text{进口}}$，$V_{CO,\text{出口}}$——分别为反应器进口和出口CO含量，%；

　　$V_{CO_2,\text{进口}}$，$V_{CO_2,\text{出口}}$——分别为反应器进口和出口CO₂含量，%；

　　$M_{\text{进口}}$，$M_{\text{出口}}$——分别为反应器进口和出口合成气平均分子量。

CO和CO₂的单程转化率是合成反应过程中CO和CO₂与H₂反应转化为甲醇的重要指标。单程转化率高，说明合成反应好，一次通过合成催化剂后所获得的甲醇产量高；单程转化率低，说明合成反应差，一次通过合成催化剂后所获得的甲醇产量低。

掌握单程转化率的准确计算和应用，可以对催化剂活性状态、合成反应好坏、甲醇产量、合成气气质等做出有效判断。特别是对于判断催化剂活性，有着非常重要的实际指导意义，单程转化率高，说明催化剂活性发挥正常；单程转化率低，说明催化剂活性衰退。实际生产中应结合反应器温度、放热后自产蒸汽量及反应压力等参数及时分析原因，并提高催化剂反应温度，维持 CO 和 CO_2 正常的单程转化率。

23. 合成反应器循环比控制对生产有何重要性？

答：循环比是指进入合成反应器总气体量与转化新鲜气体量之比。每套装置因合成塔结构、催化剂性能、压缩机设计等不同而各有差异。通过对国内外多种合成塔设计及工艺技术进行对比，对两套甲醇装置实际生产数据进行统计分析，认为将合成循环比控制在 4 左右是较为经济和科学的。

$10×10^4t/a$ 甲醇装置设计循环比为 4.7~5，实际生产过程大多维持在 5~6。$30×10^4t/a$ 甲醇装置设计循环比在初期、中期和末期分别为 3~4、4~5 和 5~6，实际生产中也均高于设计值运行。实际生产结果显示，循环比高，单程转化率低、压缩机动力消耗大、醇净值低，但合成催化剂床层温度易控制；循环比低，单程转化率高、压缩机动力消耗小、醇净值高，但合成催化剂床层温度不易控制。由于循环比受合成塔结构、催化剂使用性能、压缩机设计性能等因素影响，实际生产中无法改变上述因素，但可以根据甲醇市场价格以及催化剂使用寿命，通过提高催化剂反应温度以及反应压力等对循环比进行适度调整，从而实现装置经济科学运行。

24. 国内外甲醇生产主要技术指标及研发方向是什么？

答：国内外甲醇生产合成塔技术对标情况见表2-1。

表2-1　国内外甲醇生产合成塔技术对标

项目	国外公司			国内高校及公司		
	德国鲁奇公司	丹麦托普索公司	英国戴维公司	华东理工大学	南京国昌化工技术有限公司	杭州林达化工技术工程有限公司
产能，t/d	5000	5500	3000	1100	1150	1000
合成压力MPa	8.5	8.5	8.96	5.5~7.0	5.2~9.0	8.0~8.5
合成塔类型	水冷/气冷	绝热列管	冷管径向	管壳外冷	水冷折流板	均温水冷
醇净值,%	16.65	14.23	16.2	6.0~7.0	>7.0	>6.0
循环比	1.63	1.9	1.79	>5	4.6	2.5~4.8

从表中数据可以看出，国内甲醇生产合成塔主要在产能、反应压力、醇净值、循环比等方面与国外存在较大差距，合成工艺技术开发、设备制造研发等还有待不断提升改进。目前合成塔研发的主攻方向是低循环比、低压降、高醇净值、高催化剂强度和高蒸汽产率。面临的主要技术难题如下：

（1）循环比高，醇净值低；

（2）阻力高、催化剂装填系数小，设备体积大；

（3）对反应器移热能力要求高；

（4）装置产能大型化对设备制造技术带来挑战。

25. 甲醇合成催化剂的毒物有哪些，生产中如何进行防范？

答： 铜基甲醇催化剂通常含有 50% ~ 70%（质量分数）的 CuO 和 20% ~ 30%（质量分数）的 ZnO，使用前需将 CuO 还原为活性铜。活性铜对硫、氯、羰基金属、磷、铵等毒物和温度变化较敏感，因此以上物质是造成催化剂中毒的主要原因。

铜基甲醇催化剂对原料气纯度和生产操作精细程度的要求很严格。硫是原料气中常见的毒物，铜基甲醇催化剂对含硫化合物十分敏感，微量的含硫化合物就会造成催化剂的永久性中毒失活（硫含量必须控制在 0.1mg/L 以下）。原料气中含硫化合物通常有 H_2S、COS、CS_2 和噻吩等。生产中主要通过加氢和氧化锌脱硫进行脱除，并定期对合成入塔气的总硫含量进行分析控制。

催化剂氯中毒失活与硫中毒失活不同，且较为少见，因此重视程度不够，但是严重的氯中毒会使催化剂只能使用十几天，一旦发生，损失将十分严重。对于铜基甲醇催化剂，氯的毒害比硫更大。入塔气中含有 0.01mg/L 的氯就会造成催化剂发生明显中毒。氯不仅会毒害合成催化剂中的活性组分铜，还会与催化剂的载体 ZnO 发生化学反应生成低熔点的 $ZnCl_2$ 覆盖在催化剂表面上。因此，氯既可以造成氧化锌脱硫剂中毒失活，同时还会造成铜基甲醇催化剂失活，危害非常大。甲醇生产中，原料气中氯主要以HCl形式存在，部分工业生产厂原水源中在不同程度上含有氯，如用聚氯化铝作为水处理剂，也会导致工艺水及水蒸气中带入氯，此外催化剂本身制备采用的原材料、化工设备使用的耐火材料、设备使用的润滑油也往往含有氯。实际生产中，通过分析检测可对氯进行控制。

甲醇生产中，原料气中CO会对设备和管道造成腐蚀，造气时CO与原料中Fe、Ni结合还会形成 $Fe(CO)_5$ 和 $Ni(CO)_4$，生成量与原料中Fe和Ni的含量、温度以及CO的分压有关。极少量的 $Fe(CO)_5$ 和 $Ni(CO)_4$ 即可导致甲醇催化剂永久性中毒失活，通常要求进口气中 $Fe(CO)_5$ 和 $Ni(CO)_4$ 的含量之和小于 $0.1mg/L$。$Fe(CO)_5$ 和 $Ni(CO)_4$ 的沸点分别为 $103℃$ 和 $42℃$，加压条件下金属中 Fe、Ni 与CO反应形成羰基化合物的温度为 $25 \sim 200℃$。反应式如下：

$$Fe + 5CO \longrightarrow Fe(CO)_5$$

$$Ni + 4CO \longrightarrow Ni(CO)_4$$

压力越高，越有利于羰基金属的生成，$150 \sim 200℃$ 范围内反应速率最大，即反应在热交换器及压缩机管线中最易发生，气体中含有的硫、氯会加速上述反应。$Fe(CO)_5$ 和 $Ni(CO)_4$ 在甲醇合成反应温度下分解生成高度分散的金属Fe和Ni，沉积物被催化剂表面吸附，堵塞孔道，覆盖活性位，导致催化剂活性下降。并且，Fe和Ni是造成副反应增加的有效催化剂，易导致 CH_4 等副产物增加，影响产品质量；此外催化剂床层温度也因上述副反应的发生而剧烈上升，严重影响催化剂的使用寿命。

甲醇催化剂吸附含量为 300mg/L 的 Fe 或 Ni 时，催化剂活性降低 50%；当原料气中含有 1mg/L Fe(CO)$_5$ 或 1mg/L Ni(CO)$_4$ 时，催化剂的失活速率分别增加 0.5 倍和 3 倍。

羰基金属对甲醇催化剂的中毒作用很强，通常在合成塔前设置羰基金属净化装置将其脱除，脱除后羰基金属含量小于 0.1mg/L，从而满足生产要求。

26. 合成催化剂还原过程理论出水量的计算方法是什么?

答：以 1t 某催化剂为例，该催化剂的质量组成如下：30.2%ZnO，60.1%CuO，3.4%Al$_2$O$_3$，3.5%H$_2$O，以及其他 2.8%助催化剂。催化剂还原时，最高反应温度一般不超过 300℃，因此假定 ZnO 和 Al$_2$O$_3$ 不参与还原反应，只有 CuO 在还原气的作用下参与反应。

$$CuO+H_2 \longrightarrow Cu+H_2O$$

假设还原反应生成的化学水的质量为 m_{H_2O}，则

$$\frac{80}{601}=\frac{18}{m_{H_2O}}$$

得出 $m_{H_2O} \approx 135.2kg$。该催化剂中还有 3.5% 的物理水，因此 1t 催化剂还原时的理论出水量为 135.2+35 = 170.2kg。

27. 粗甲醇中具体成分有哪些，各组分沸点是多少？

答：粗甲醇中具体成分有 30 多种，主要有乙醛、甲酸甲酯、丙酮、水和乙醇等。各组分及对应沸点见表 2-2。

表 2-2　粗甲醇中各组分及对应沸点

组分名称	沸点,℃	组分名称	沸点,℃
二甲醚	-23.7	正戊醇	97
乙醛	20.2	正庚烷	98
甲酸甲酯	31.8	水	100
二乙醚	34.6	甲基异丙酮	101.7
正戊烷	36.4	醋酐	103
丙醛	48	异丁醇	107
丙烯醛	52.5	正丁醇	117.7
乙酸甲酯	54.1	异丁醚	122.3
丙酮	56.5	二异丙酮	123.3
异丁醛	64.5	正辛烷	125
甲醇	64.7	异戊醇	130
异丙烯醚	67.5	4-甲基戊醇	131
正己烷	69	正戊醇	138
乙醇	78.4	正壬烷	150.7
甲乙酮	79.6	正癸烷	174

28. 合成压缩机入口转化气温度对生产及能耗的影响？

答：合成压缩机的作用是吸入转化气将其提压后送入合成反应器合成粗甲醇。合成压缩机运行效率与很多因素有关，压缩机入口转化气温度是其中一项重要因素。

入压缩机转化气温度高，对压缩机造成的主要影响如下：

（1）对压缩机进气量的影响：压缩机均有设计负荷，对于离心式压缩机，在设计范围内，温度升高，转化气体积增大，密度下降，对压缩机的离心力作用造成影响，影响压缩机做功。

（2）受转化气中饱和水蒸气的影响：气体温度高，饱和水蒸气含量大，影响压缩机做功。温度低，气体密度增大，离心力相应增大，对有效吸入气体、提高压缩机功率都有着较为重要的影响。

（3）对吸入气量的影响：温度高，吸入气量低；温度低，吸入气量高，有利于甲醇产量提高。

入压缩机转化气温度低，有利于压缩机提高运行效率和做功。但部分企业受压缩机入口管线材质设计问题的影响，不宜控制合成压缩机入口转化气温度过低，防止对非不锈钢管道造成酸腐蚀，在压缩机缸体形成结垢现象。实际生产中，转化气进入压缩机入口温度控制在20~30℃较为合适。

29. 合成催化剂的种类有哪些，适用性如何？

答：自从CO加氢合成甲醇工业化以来，合成催化剂和合成工艺得到不断改进。目前，合成催化剂分为锌铬催化剂、铜基催化剂、钯系催化剂、钼系催化剂和低温液相催化剂。

锌铬（ZnO/Cr_2O_3）催化剂是一种高压固体催化剂。

该催化剂活性较低，为了获得较高的活性和转化率，需要在高压25~35MPa、温度300~400℃下使用，其优点是耐热性、抗毒性以及机械性能好，寿命长。铜基催化剂的主要成分为CuO、ZnO和Al_2O_3，操作温度210~260℃，操作压力5~10MPa。铜基催化剂又分为铜锌铝和铜锌铬两种，但由于铬对人体有毒，因此基本已被淘汰。铜基催化剂由于使用温度和使用压力低，活性好，目前得到了较好的使用。钯系催化剂虽为新型研制催化剂，但由于活性提高不大，选择性不高，实际使用效果并不理想。由于铜基催化剂耐硫能力差，少量硫就可以导致催化剂中毒失活，因此研制了钼系催化剂。钼系催化剂虽然大幅提高了耐硫性，同时提高了合成甲醇的单程转化率，但由于选择性太低，副产物处理困难，因此距离工业化使用还有差距。低温液相催化剂具有单程转化率高（90%以上）、生产成本低、产品质量好、反应温和等特点，成为研究发展方向。

30. 甲醇合成工艺的特点和发展方向是什么？

答：甲醇合成是可逆强放热反应，受热力学和动力学控制。反应器出口气中，甲醇含量仅为3%~6%，未反应的CO、CO_2和H_2需要和甲醇分离，通过压缩机循环使用。甲醇合成分为高压法、中压法和低压法3种方法。高压法由于具有操作压力高、动力消耗大、设备复杂、产品质量差等特点被逐渐淘汰。低压法由于操作压力低，使得设备体积庞大，同时甲醇合成收率低，经济性较中压法差。

鉴于以上问题，国内外相继开展了液相法甲醇工艺技术研究工作。液相法工艺传热效率高，CO转化率明显提高，反应后尾气少。合成反应可实现不循环或低循环，合成反应生成粗甲醇的原料气中氢碳比调整范围宽，可在10∶1~1∶10之间调整，可用部分空气氧化法造气，使整个工艺的能耗大幅下降。为了克服传统气相法合成甲醇工艺的缺点，近年来也开发了几种新型反应器。比较有代表性的有GSSTFR(气—固—固滴流流动反应器)，通过甲醇被固体吸附剂吸收提高单程转化率；RSIPF(级间产品脱除反应器)，反应器之间安装吸收塔，通过吸收饱和再生，使CO单程转化率可达97%，从而降低原材料消耗和能耗；气—液相并存式反应器，让反应生成的甲醇在反应器中循环并在表面形成一层液膜，生成的甲醇溶解在液膜中，使转化率可达90%。以上3种工艺技术是近年来改动较大的技术，具有较好的开发应用前景。

31. 甲醇水溶液沸点，甲醇与部分有机化合物共沸点的参考数据？

答：甲醇水溶液在1atm[①]下的沸点见表2-3。

[①]1atm＝101.325kPa。

表2-3　甲醇水溶液沸点（1atm）

甲醇浓度,%	0	6	12	20	30	40	55	65	100
沸点,℃	100	91.6	86.5	82	78.2	75.6	72.4	67.1	64.6

甲醇可以与许多有机物化合物按任意比例混合，并与其中100多种形成共沸物。许多共沸物的沸点与甲醇沸点接近，因此在甲醇精馏时可以精馏出一些共沸物（表2-4）。

表2-4　甲醇与部分有机化合物共沸点数据

化合物	共沸物	
	共沸点,℃	甲醇浓度,%
丙酮	55.7	12.0
醋酸甲酯	54	19.0
甲酸乙酯	50.9	16.0
丁酮	63.5	70.0
丙酸甲酯	62.4	4.7
甲酸丙酯	61.9	50.2
二甲醚	38.8	10.0
乙醛缩二甲醇	57.5	24.2
乙基丙烯酸甲酯	64.5	84.4
甲酸异丁酯	64.6	95.0
环乙烷	54.2	61.0
二丙醚	63.8	72.0

32. 如何通过合成气气质组成的化验分析数据指导生产？

答：合成气中只有 CO、CO_2 和 H_2 能够在催化剂作用下按一定的科学计量比合成甲醇，其他气体不参与合成甲醇反应。合成气控制的主要指标是氢碳比，适宜的氢碳比可高效率合成甲醇，并提高甲醇产量，降低能耗，减少副产物。

氢碳比的计算如下：

$$H/C = \frac{C(H_2) - C(CO_2)}{C(CO) - C(CO_2)} \qquad (2-3)$$

$C(H_2)$，$C(CO_2)$，$C(CO)$ 分别为 H_2，CO_2，CO的物质的量分数。氢碳比的科学值为 2.05~2.15，以天然气为原料的甲醇生产工艺存在原料"氢多碳少"的不足，通过补碳等措施使合成气的氢碳比实际为 4~6。

合成气中需要重点关注的是反应器进出口气体组成中CO和CO_2的浓度。通过进出口气体浓度可以计算出CO和CO_2的单程转化率，转化率高，说明合成催化剂活性好，甲醇产量高，能耗低，合成甲醇效率高；转化率低，说明合成催化剂活性差，甲醇产量低，能耗高，合成甲醇效率低，需要及时查明原因并做出调整。单程转化率低的主要调整措施是提高反应压力，降低惰性气体含量，提高催化剂反应温度等。

同时还要关注合成气中 CH_4 的含量，合成气中 CH_4 设计含量一般如下：进口处 12%~15%，出口处 13%~

17%。CH$_4$含量低，说明转化气气质好，对合成甲醇有利；CH$_4$含量高，说明转化气气质差，对合成甲醇不利，还会影响压缩机动力消耗，操作中应采用降低转化气中残余 CH$_4$含量，适当提高合成气中惰性气体排放等措施进行调整。

33. 甲醇作为燃料和汽油相比的优势在哪里？

答：表 2-5 中列出了甲醇和汽油的物理化学性质对比情况。

表 2-5　甲醇和汽油的物理化学性质对比

性质		甲醇	汽油
分子式		CH$_3$OH	C$_4$—C$_{14}$碳氢化合物
分子量		32.04	约 100
密度（20℃），kg/L		0.792	0.73
冰点，℃		-96	<-60
沸点，℃		64.7	27~225
汽化潜热，kJ/kg		1167	293~841
燃烧热，kJ/kg		19930	43030
蒸气压（38℃），mm Hg[①]		239	362~775
水中溶解度，mg/L		互溶	100~200
闪点，℃		12	6.1
蒸气密度（1atm，10℃），g/L		1.4	2~5
燃烧上限	体积分数，%	36.5	7.6
	温度，℃	43	-30~-12

续表

性质		甲醇	汽油
燃烧下限	体积分数,%	6.0	1.4
	温度,℃	7	-43
自燃温度,℃		500	456
辛烷值		112(研究法辛烷值);92(马达法辛烷值)	70~90
理论混合气进气温度,℃		122.4	21.6
理论混合气热值,kJ/kg		2650	2780
理论空燃比,kJ/kg		6.5	14.8
层流燃烧速度,m/s		52	38

① 1mm Hg=133.322Pa。

从表 2-5 中可以看出,甲醇的化学性质单一,辛烷值高,理论上可以提高汽油机的压缩比。甲醇分子中含有 50%的氧,使甲醇燃烧时所需的空气量减少。甲醇和空气的理论混合气热值与汽油相当,因此可减少尾气排放量以及热量损失。甲醇是富氧燃料,与汽油相比可降低尾气中CO和碳氢化合物的含量。

最为重要的是,甲醇可通过煤、化工尾气等多种原料合成,原料丰富,在可再生途径和价格方面较汽油具有优势。但甲醇是一种极性溶剂,对塑料、部分金属易形成腐蚀,同时对人体有毒,因此在使用时要注意密闭等保护措施。

34. 与汽油汽车相比，甲醇燃料汽车对环境存在的影响？

答：与汽油燃烧相比，由于甲醇不含硫及其他复杂的有机化合物，含氧量高，燃烧充分，甲醇燃料汽车尾气中排放的 CO、碳氢化合物、SO_2、NO_x 和固体悬浮物颗粒浓度都会下降，芳烃的排放也比汽油汽车低很多，尽管甲醇燃料汽车存在冷启动困难，会产生排放未完全燃烧的甲醛等化合物，且光化学作用强，但总体上其污染物排放要小于汽油汽车。而且甲醇易溶于水，在土壤中会很快稀释，然后生物降解；汽油则很难溶于水，不易扩散，在自然环境中难于降解，易发生累积污染。表2-6中列出了甲醇、苯和甲基叔丁基醚(MTBE)在环境中的半衰期，可以进一步说明甲醇易在环境中脱除，不会造成很大污染。

表2-6　甲醇、苯和 MTBE 在环境中的半衰期

环境介质	半衰期, d		
	甲醇	苯	MTBE
土壤	1~7	5~16	28~180
空气	3~30	2~20	1~11
地表水	1~7	5~16	28~180
地下水	1~7	10~730	56~359

通过表中数据可以看出，甲醇除了在空气中的半衰期长于苯和 MTBE，对土壤、地表水和地下水的影响均小于苯和 MTBE。MTBE 和甲醇目前都是常见的燃料，对

土壤和地下水来说，MTBE 半衰期分别最长达到 180 天和359 天，而甲醇半衰期最长都是 7 天。苯对地下水的影响时间最长，达到近两年。因此综合对比来看，甲醇作为燃料有着较好的优势。

35. 甲醇作为汽车燃料的应用过程分析？

答：中国从 20 世纪 80 年代开始甲醇燃料的研究和试用。将甲醇掺入汽油中作为燃料，通常以甲醇的含量多少作为燃料标记，如在汽油中掺入 3%、5%、15%甲醇的汽油就分别标记为 M3、M5、M15。中国在山西、四川、重庆等地通过近千辆汽车的测试表明，汽油中掺入甲醇含量小于 15%时，汽车只需要做微小改动，汽车动力性能和尾气污染物排放与纯汽油汽车相近。将 3%甲醇汽油和 5%甲醇汽油与 70#汽油进行对比，结果表明，无论在山路、公路和坡路上，甲醇汽油汽车的运行性能均好于纯汽油汽车。

当甲醇含量小于 15%时，甲醇能在汽油中很好溶解，基本不存在相分离问题；当甲醇含量大于 85%时，相当于部分汽油溶解在甲醇中，也不存在相分离问题；当甲醇含量为 15%~85%时，易产生相分离问题，需要加入助溶剂。由于甲醇来源相对较广，具有较好的价格优势，而且在环保方面优于汽油燃料，因此低浓度的甲醇汽油混合燃料目前在国内外已得到商业化应用，并成为甲醇消耗的重要使用途径。高浓度的甲醇汽油混合燃料，受甲醇燃烧特性限制，需对汽油发动机进行改造以达到最佳性能，是今后甲醇燃料发展使用的趋势。

36. 活塞式压缩机工业应用有哪些优点和缺点？

答：活塞式压缩机的优点如下：

① 活塞式压缩机可设计成低压、中压、高压和超高压，适用压力范围广。在等转速下，当排气压力波动时，活塞式压缩机的排气量基本保持不变。

② 压缩效率高：活塞式压缩机气体压缩过程为封闭系统，压缩效率较高。

③ 适应性强：活塞式压缩机排气量范围较广，而且气体密度对压缩机性能的影响不如速度式压缩机明显。统一规格的活塞式压缩机只需要稍加改造就可以适用于压缩各类气体。

活塞式压缩机的缺点如下：

① 气体中易带油污：对油润滑尤为显著。油污在炼油化工生产过程中常会引起其他危害。

② 转速不能过高：受往复式运动惯性力的限制，压缩机转速受限。

③ 排气不连续：气体压力有波动，有可能造成气流脉动共振。

④ 易损件多，维修工作量较大。

37. 离心式压缩机工业应用有哪些优点和缺点？

答：离心式压缩机的优点如下：

① 结构紧凑、尺寸较小，因而占地面积金额重量比同一排气量的活塞式压缩机要小得多。

② 运转平稳、操作可靠，输气量大而且连续平稳。备件量少，因此运转效率高，维护费用少。

③ 由于压缩机内不需要润滑，因此压缩机中的气体在压缩过程可以做到绝对无油，气体不会被润滑油污染。

④ 转速高，可用汽轮机或燃气轮机驱动，省去电机及防爆要求，没有增速机构，运行安全。

⑤ 与活塞式压缩机相比，较为经济。

离心式压缩机的缺点如下：

① 不适用于气量过小及压缩比过高的场合。

② 离心式压缩机的稳定工况相对较窄，气量调节方法经济性差。

③ 离心式压缩机运行效率比活塞式压缩机低。

④ 在同一叶轮速度下，受气体分子量不同影响较大。气体分子量不同，所获得的动能量不同。因此，离心式压缩机运行工况受被压缩气体的密度、性质和组成影响较大。

二、典型事例剖析

1. 氢气泄漏造成催化剂还原工作及装置开工进度延迟

（1）事例描述。

2007 年 7 月，$10 \times 10^4 t/a$ 甲醇装置开工期间对合成

催化剂进行还原，还原介质采用纯度为 99%以上的本厂氮气，还原气体氢气由车间提供。当时装置转化单元已引入原料天然气在低负荷下运行正常，合成催化剂为丹麦托普索公司生产的 MK121 型催化剂。还原期间的技术人员由丹麦托普索公司委派，气体分析仪也由丹麦技术人员从国外带入。还原前已由外方技术人员对还原流程进行了详细了解和指导，部分法兰部位安装了盲板，部分阀门采用"双阀+导淋"的方式对氢气进行隔离。但外方检测仪显示，未配氢的合成环路始终存在 1%~2%的氢气，车间虽然采用对合成环路加大氮气置换等工作，但环路始终存在氢气，导致催化剂还原工作无法进行，耽误时间 20h，使 $10\times10^4t/a$ 甲醇装置整体开工进程受到影响。

（2）原因分析。

①经过对流程的仔细梳理，确定转化气进压缩机入口"双阀+导淋"存在泄漏现象。

②在合成压缩机组缸体压力低于转化环路压力的状态下，转化气会窜入压缩机，从而进入合成环路。

③阀门存在内漏，而且"双阀+导淋"模式无法彻底消除微量泄漏。

④工作中存在畏难思想，环路隔离不彻底。

（3）采取的措施及结果。

①合成压缩机停机后，在转化气进压缩机入口电磁阀后安装盲板对转化气进行隔离。

②在合成压缩机组高压缸出口电磁阀后法兰处安装盲板进行隔离。

③ 重新启动合成压缩机对合成环路进行氮气置换，经检测合格，使催化剂还原工作正常进行。

2. 装置不停车处理合成系统结垢现象

（1）事例描述。

2008 年，$10 \times 10^4 t/a$ 甲醇装置出现合成气循环量不断下降趋势，循环量由 $18 \times 10^4 m^3/h$ 逐步降至最低 $12.8 \times 10^4 m^3/h$。随着循环量的逐步降低，甲醇产量由正常生产时的 335t/d 左右逐步下降至 310t/d。随着该现象的不断恶化，合成压缩机组高压缸的振动值呈现出增大的趋势，对压缩机组的正常、安全、长周期运行构成了威胁。由于甲醇产量的不断下降，单吨甲醇的天然气消耗量也由 $1187m^3$ 逐步上升到 $1232m^3$（上升了 $45m^3$），对 $10 \times 10^4 t/a$ 甲醇装置全年生产任务的完成、成本计划指标的控制构成了极大威胁。在技术上，该现象表现出合成反应过程中副反应产生的附着物沉积在设备、管路、除沫器、压缩机缸体等部位，对压缩机叶轮、缸体及设备管路造成了一定的堵塞，如果不能进行有效清理，最终会造成甲醇产量不断下降，压缩机组无法运行，装置被迫停工。

（2）原因分析。

① 甲醇装置合成反应所装的催化剂为铜系催化剂，受反应操作条件等因素的影响，均会产生副反应结蜡及不同程度的结垢现象，从而引起管路或设备堵塞。

② 随着系统结蜡、结垢的不断积累，造成合成冷

却器换热效率变差，压缩机缸体附着物沉积，导致振动值变大，最终导致压缩机无法正常运行。

③ 随着附着物的增加以及结垢现象不断严重，还会造成管路或压缩机缸体流通面积变小，合成气循环量下降，进而使甲醇产量下降，装置能耗上升。

（3）采取的措施及结果。

① 经查资料显示，管路及系统形成的石蜡等副产物普遍为 C_{20} 左右的高级烃，熔点在 67℃ 左右，将循环气温度提高到 70~75℃，既保证了压缩机及设备的安全运行，还可以将石蜡熔化。

② 提前在高压分离器 F202 出口管路及闪蒸槽 F203 出口流量计处接临时蒸汽吹扫线，防止在清垢过程中剥离物堵塞流量计及管路。

③ 通过先逐步关小合成单元循环水冷却器 E202 循环回水量，再关进水量的顺序提高合成循环气温度。

④ 如果压缩机缸体内气体温度提升慢，则关小合成压缩机组防喘振冷却器 E204 的循环水冷却水量，提高循环气温度至 70~75℃。循环气温度的升高会影响轴温的变化从而造成油压的波动，因此压缩机操作人员须加强对轴温、轴位移、油温、油压等参数的监控，并进行及时调节，防止油压出现大的波动影响压缩机运行。

⑤ 将循环气温度提高至 70~75℃ 后稳定 10~20min 后结束清蜡工作。

⑥ 现场通过先缓慢打开 E202 出口循环水阀，再缓慢打开循环水进口阀门的顺序投用循环水，并调整循环

气温度至 25~35℃。严禁快开快关，注意 E202 温升的平稳。

⑦ 现场检查所有设备封头、管路法兰有无泄漏等异常现象。现场检查压缩机组缸体、管路密封有无异常现象，确保设备及装置安全后结束清垢工作。

⑧ 通过不停车处理结垢举措的成功实施，合成压缩机循环段循环量、压缩机振动值恢复正常，甲醇产量有效提高。

⑨ 不停车处理结垢创造直接经济效益 300 万元以上，同时还节省了压缩机维修费用。

（4）建议及经验推广。

① 将合成气温度提高到 70~75℃，成功实现不停车清垢，该举措在甲醇装置上属于大胆创新，并成功地为挖掘机组的运行潜力找到可贵的资料数据，为机组及装置实现长周期运行提供经验。

② 通过不停车处理结垢的成功应用，进一步摸清了合成催化剂在清垢后的部分性能。

③ 该技术创新获得国家实用新型专利。

3. 10×10⁴t/a 甲醇装置精馏塔压力高的处理

（1）事例描述。

2009 年 1 月，10×10^4t/a 甲醇装置主精馏塔回流量降到 39t/h，塔顶压力持续处于较高状态（100~110Pa），采出量只能维持在 12.4t/h 的较低水平运行，对当时的操作带来了很大影响。车间向厂汇报情况后，决定在转化及合成工段保持正常运行的情况下停塔抢修。

（2）原因分析。

① 通过检查塔盘无异常现象，但塔内的溢流堰、折流板存在不同程度的腐蚀损坏。

② 各级塔盘的支撑件存在腐蚀现象，造成精馏塔漏液，降低了塔内气液相传质、传热效果。

③ 塔内气液相平衡被打破后，造成塔压、回流量等参数受到影响。

（3）采取的措施及结果。

① 操作上采取保持预精馏塔进料、液位及回流正常，出料通过预精馏塔回流泵的返料线送至粗甲醇罐，主精馏塔给料泵停运。

② 富裕的低压蒸汽一部分通过低压蒸汽管网压力控制阀 PV301 放空，另一部分主要通过加大二氧化碳工段再沸器使用量、提高除氧间温度进行消耗。压缩机降转速运行，从而防止合成压缩机背压过高停车。

③ 对主精馏塔存在的腐蚀损坏塔内件进行维修。

④ 重新投运主精馏塔后，回流及采出正常，塔压降低。

（4）建议及经验推广。

① $10 \times 10^4 t/a$ 甲醇装置在转化单元、合成单元、二氧化碳单元正常运行的状态下，可以实现主精馏塔的停运和抢修，且蒸汽富裕现象可以实现平衡。

② 精馏操作就是要控制好物料平衡、热平衡和气液相平衡。任何一项平衡被破坏，都会导致精馏单元运

行异常。

4. 两套甲醇装置精馏单元合并调试及应用分析

（1）事例描述。

2009 年 4 月，为了解决 $10×10^4t/a$ 甲醇装置主精馏塔支撑板、受液盘等内件出现严重腐蚀，造成主精馏塔底部所排污水中的有机物化学需氧量（COD）超标，精馏单元被迫进行低处理量生产，粗甲醇储罐高液位等生产难题，车间通过铺设临时线将 $10×10^4t/a$ 甲醇装置粗甲醇全部送入 $30×10^4t/a$ 甲醇装置精馏单元处理，从而解决了生产的被动局面。为了充分挖掘 $30×10^4t/a$ 甲醇装置精馏单元的处理能力，实现精馏单元高效运行，充分节约蒸汽资源，开始尝试提高装置处理量。经过制订详细有效的调整方案，在 $30×10^4t/a$ 甲醇装置正常运行的条件下最终将 $10×10^4t/a$ 甲醇装置所产粗甲醇全部送至 $30×10^4t/a$ 甲醇装置处理，实现了两套甲醇装置所产粗甲醇全部送入 $30×10^4t/a$ 甲醇装置精馏单元进行加工处理的目标。经过 50 多小时的稳定运行，加压塔进料处理量达到 $85m^3/h$，设计正常值为 $70m^3/h$，装置流量计显示精甲醇产量稳定在 1250~1260t/d，获得了较为理想的预期效果。

（2）原因分析。

① 为了解决 $10×10^4t/a$ 甲醇装置主精馏塔因塔内件腐蚀而出现的主精馏塔底部所排污水中的有机物化学需氧量超标，处理量降低导致的罐容不足的问题。

②将两套甲醇装置精馏单元及罐区的优势进行互补，并探索可节省蒸汽资源的途径，为两套甲醇装置实现节能降耗提供参考数据。

③探索两套甲醇装置的最佳运行模式，为后期的技术改造奠定基础。

（3）采取的措施及结果。

①在整个调试过程中，$30\times10^4t/a$甲醇装置精馏单元实现了处理两套甲醇装置的粗甲醇目标，加压塔进料处理量达到$85m^3/h$，设计正常值为$70m^3/h$，装置流量计显示精甲醇产量稳定在$1250\sim1260t/d$。

②精甲醇中乙醇含量较精馏塔进料负荷调整前上升了$28\sim35\mu g/g$，加压塔乙醇含量较精馏塔进料负荷调整前上升了$45\sim55\mu g/g$，乙醇含量总体上升，但混合后精甲醇罐样分析基本满足了厂控制指标，馏程、含水量、色度等其他指标均控制在优级品的指标范围内。

③测试$30\times10^4t/a$甲醇装置精馏单元处理负荷达到126%，并且产品能够满足GB 338—2004《工业甲醇》优等品的质量指标。

④常压塔空气冷却器已全部启动高速运行，如果环境温度继续上升或精馏处理量进一步提高，空气冷却器降温能力将成为继续调整的主要瓶颈。

⑤加压塔再沸器正常蒸汽用量为$19.2t/h$，调整过程中达到$30t/h$，再沸器负荷已经达到上限。两套甲醇装置蒸汽消耗总量下降$9\sim11t$，创造经济效益明显。

5. 合成单元合成气循环量对甲醇产量及单耗的影响

（1）事例描述。

$10×10^4$t/a 甲醇装置自 2018 年 10 月开始呈现甲醇产量逐步降低的趋势，查阅各种影响产量的生产条件后发现，合成单元合成气循环量在前 2 个多月的时间内从正常的 $12.6×10^4$m³/h 逐步下降至 $9×10^4$m³/h，伴随合成压缩机高压缸振动值增加及波动现象，合成塔催化剂床层压降从 95kPa 下降至 29kPa 左右。通过化验分析合成塔进出口气体成分组成，排除合成塔入口中间换热器管束泄漏的可能。2018 年 12 月，停运合成单元和精馏单元（主精馏塔因漏液抢修）。在此期间打开压缩机高压缸对结垢进行清理。恢复生产后，压缩机高压缸振动值下降，合成气循环量从 $9×10^4$m³/h 上升至 $13.9×10^4$m³/h，装置甲醇日产量从约 220t 上升至接近 250t，单吨甲醇的天然气消耗量及能耗下降，装置各项生产指标正常。

（2）原因分析。

① 除了合成单元合成气循环量下降明显外，原料气负荷、解吸气补入量等其他影响产量的生产条件没有发生明显变化。

② 通过清理压缩机缸体结垢，合成气循环量明显上升，甲醇产量恢复正常，因此判断合成气循环量下降是造成该次甲醇产量下降的主要原因。

（3）采取的措施及结果。

① 取样分析合成塔进出口气体组成，排除合成塔

入口中间换热器管束泄漏的可能。

② 打开合成压缩机缸体进行清垢后，高压缸振动值下降 35μm，合成气循环量上升 $4.9×10^4 m^3/h$，甲醇产量及各项生产指标恢复正常，单吨甲醇的天然气消耗量下降明显。

③ 部分统计数据见表 2-7。

表 2-7　合成压缩机清垢前后甲醇装置部分生产数据

项目	合成气循环量，m^3/h	高压缸振动值，μm	合成塔压降，kPa	甲醇产能 t/d	单吨甲醇的天然气消耗量，m^3
清垢前	90000	58	29	220	1370
清垢后	139000	23	104	249	1169

（4）建议及经验推广。

① 压缩机缸体结垢是导致缸体出现振动值持续上升及波动的主要原因，生产中应引起重视，并且应在工艺方面控制结垢物生成速度（如控制冷却后温度及环路升压、降压速度等）。

② 压缩机缸体出现结垢会减小气体流通面积，导致合成气循环量减小，从而对甲醇产量及能耗造成很大影响，各级人员应重视对合成气循环量的监控调节。

6. 主精馏塔回流冷却器故障对操作的启示

（1）事例描述。

$10×10^4 t/a$ 甲醇装置在 2015 年 4 月开工期间出现主精馏塔顶压力高、回流无法正常建立、合成压缩机透平背压蒸汽压力居高不下、产品无法调整合格等生产现象。装置采用停塔重开、加大精馏冷却剂用量等多种调整手段，均无法实现精馏工段的正常运行。通过技术分析决定停主精馏塔。检查主精馏塔回流冷却器，发现冷却器隔板弯曲损坏后堵在设备冷却剂管路出口处，经过维修合格后投用该冷却器，精馏单元运行正常，产品合格。

（2）原因分析。

① 回流冷却器隔板损坏造成设备无法实现正常的换热，造成主精馏塔顶气相无法有效冷凝，塔顶压力增大，液相回流无法建立正常。

② 由于主精馏塔顶压力高、液相回流无法建立正常，造成主精馏塔内没有正常的传质、传热过程，热负荷居高不下，低压蒸汽热源无法有效利用，导致低压蒸汽管网压力始终偏高，对压缩机透平的正常运行造成影响。

（3）采取的措施及结果。

① 切出主精馏塔进料及热源，关闭主精馏塔循环水，停主精馏塔。

② 切出主精馏塔回流冷却器，对换热器隔板进行维修。

③ 主精馏塔投运后各参数正常，精馏塔运行正常，产品合格。

（4）建议及经验推广。

① 开工过程或投用循环水冷换设备前，应提前打开换热设备循环水出口管路上的顶部排凝阀，防止在管

路或设备形成气阻及憋压现象，对设备造成损害。

②开启循环水泵出口阀门时一定要缓慢，过快的流量会对管路及设备附件造成损害。

7. 小改造解决高压蒸汽调节阀"水击"难题

（1）事例描述。

$30×10^4$t/a甲醇装置高压蒸汽调节阀（俗称宝马阀）主要承担着稳定合成压缩机透平蒸汽用量，按工艺调整需要将装置高压蒸汽转变为中压蒸汽，实现装置高压、中压、低压系统正常运行的作用。自投用以来每逢开停工阶段，高压蒸汽调节阀总会出现严重的水击现象，水击时间长达5~10min。多次的水击导致高压蒸汽调节阀水泥底座开裂、阀杆弯曲、调整灵敏度下降、定位系统故障等问题。操作人员在操作时虽然非常精心，而且每次都会提前打开高压蒸汽调节阀的排凝阀，但水击现象仍然存在，无法有效杜绝。该现象困扰 $30×10^4$t/a甲醇装置多年，对投资较高的进口关键阀门的正常运行造成了较大危害。

（2）原因分析。

①未充分认识高压蒸汽调节阀的结构，认为阀门执行机构处设计的排凝阀可以有效排除阀体内积液。

②高压蒸汽调节阀进出口为高达4m的U型工艺管路，极易形成积液，而且高压蒸汽调节阀安装位置在U型工艺管路的最低端，处于积液容易形成的富集区。

③U型工艺管路的最低端未设计排凝阀，存在严重

设计缺陷。

（3）采取的措施及结果。

① 发现设计缺陷并向设计单位提出在 U 型管路水平段安装低处排凝阀。

② 在开停工期间，提前打开低处排凝阀（2 道），排尽最低端 U 型管路的积液后方可缓慢打开高压蒸汽调节阀。

③ 经减压后的高压蒸汽温度与中压蒸汽管网温度接近后，高压蒸汽调节阀方可投入正常使用。

④ 经过实践运行证明，水击现象对高压蒸汽调节阀带来的长期危害得到有效解决。

（4）建议及经验推广。

设计缺陷不易发现及判断。将造成隐患的根本问题"摸透吃准"，实践中采用简单的方法就可以达到事半功倍的效果。

8. 多举措解决 $30×10^4$t/a 甲醇装置精馏系统放空管积液难题

（1）事例描述。

$30×10^4$t/a 甲醇装置自 2006 年开工以来，精馏单元预精馏塔温度持续偏高，塔釜温度高于设计温度 5~8℃，实际生产中采用多种手段调节效果不明显。伴随现场放空总管不定时喷出大量富含甲醇液体的现象，每次液体喷出量较大，喷出时间 5~10min 不定。甲醇是剧毒易燃物品，对装置的安全生产形成较大隐患，同时还对操作工的人身安全带来较大危害；大量喷出的甲醇落到地面或污水地沟，在损失甲醇产量的同时还造成装置污水排放超标。

（2）原因分析。

① 精馏单元4个精馏塔的回流槽顶部放空管线全部连接到精馏放空总管上，排放物质大部分为二甲醚、甲酸甲酯等轻组分的气液相混合物，容易形成液相累积。

② 预精馏塔热源分为低压蒸汽及转化气两部分，转化气作为热源进入预精馏塔再沸器前没有设计控制阀，对预精馏塔温度控制带来困难，造成预精馏塔底温度持续高于设计指标，造成甲醇气体被带入放空总管中，加剧了放空总管积液。

③ 放空总管设计有一根 DN50mm 的排液线进入精馏单元残液槽，但设计排液线与放空总管的连接接口位于放空总管的上部，由于位置不合理，造成放空总管内的积液无法有效排入残液槽，存在设计缺陷。

④ 精馏单元残液槽的现场排空线原设计为就地排放，排出的气体成分多为不凝性可燃气体，直接排放于大气不但影响环境，还存在较大安全隐患。

（3）采取的措施及结果。

① 在转化气进入预精馏塔再沸器前管路上安装薄型闸阀，控制转化气进入预精馏塔的热量，多余的热量从前路转化气调节阀复线移走，从而实现预精馏塔转化气热源对预精馏塔温度的控制，减少甲醇气体排出。

② 将放空总管设计的排液线（DN50mm）与放空总管连接接口的位置改至放空总管的最低部，从而可以很好地将管道内积液及时排至残液槽。

③ 在放空总管的排液线（DN50mm）上增加循环水冷却器，通过降低温度，可以有效地将部分温度偏高的不凝性气体冷凝下来，减少气阻现象，进一步回收各精馏塔排出的有效组分，提高甲醇产量及收率。

④ 原设计残液槽在现场排空线通过流程改造将放空气体引至精馏工段现场放空管内，既可以回收少量甲醇等组分，还可以解决现场排放造成的安全隐患。

⑤ 通过以上各项行之有效的改造措施，预精馏塔温度实现了设计指标运行，放空总管"喷液"及残液槽现场放空存在的隐患得到消除。

（4）建议及经验推广。

操作人员应该掌握一定的炼油化工生产原理，结合实际生产经验，科学地解决生产中暴露出的技术问题，效果明显。

图 2-1 为解决 30×10^4 t/a 甲醇装置精馏系统放空管积液难题工艺简图。

9. 大胆创新解决常压塔第二循环水冷却器出口管线剧烈振动隐患

（1）事例描述。

30×10^4 t/a 甲醇装置自 2006 年开工以来，常压塔第二循环水冷却器 E417 出口管路振动现象非常严重，造成该管路现场压力表、温度计及远传一次仪表损坏。管线与设备连接法兰泄漏频繁出现，严重时设备冷端循环水进口蝶阀本体因剧烈振动出现裂纹，而且振动现象持续存在，对装置的安全生产构成了较大威胁。

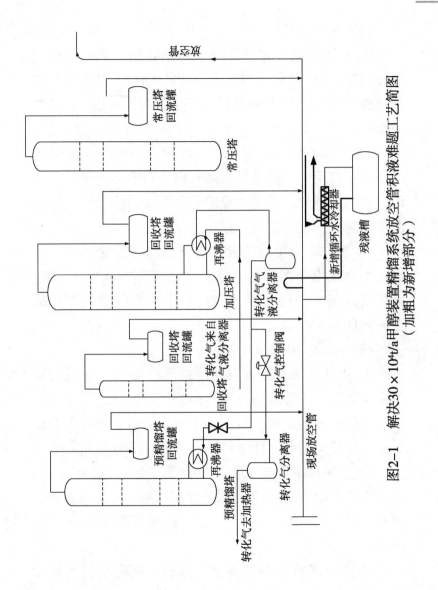

图2-1　解决30×10⁴t/a甲醇装置精馏系统放空管积液难题工艺简图
（加粗为新增部分）

（2）原因分析。

① 常压塔顶气相设计分为两路分别进入常压塔空气冷却器 E409 及第二循环水冷却器 E417，两部分分别经空气冷却及循环水冷却后汇至 E417 出口进入回流槽 V406，两路介质存在较大温差。

② 常压塔空气冷却器在实际操作中依据常压塔顶压力确定投用率，夏季气温高时启动台数多，冬季气温低时启动台数少，因此造成经空气冷却器冷却后的液体温度不均，且有一定气相存在。

③ 常压塔顶气相总量在正常操作时变化不大，主要通过空气冷却器进行冷却，水冷却器作为补充调节。设计对两路冷却设备处理负荷变化带来的温差变化缺乏有效的调节手段。

（3）采取的措施及结果。

① 针对操作人员对空气冷却器启停较为随意的现象，制定空气冷却器启停操作相关规定，对空气冷却器的启停顺序进行要求，尽可能地缩小每组空气冷却器出口液相甲醇的温差，杜绝因温差过大形成的水击条件。

② 实施技术改造，将原设计第二循环水冷却器与空气冷却器冷却后的两股冷流分开进入回流槽 V406，避免了甲醇液相因温度不均导致能量释放带来的振动现象。

③ 通过规范的操作要求及改造，该现象得到彻底解决。

10. 管道材质升级解决压缩机缸体结垢

（1）事例描述。

$30×10^4t/a$ 甲醇装置自运行以来，合成压缩机低压缸经常出现结垢现象，造成压缩机运行过程中振动值不断上升，结垢周期最短时压缩机运行 70 天左右振动值就会明显上升，最终导致压缩机被迫停机清垢，对装置的长周期运行及能耗造成了很大影响。车间采用对管道进行外伴热及保温、控制冷凝液对管道的腐蚀等手段，但只能延缓结垢速率，无法彻底根除缸体结垢。

（2）原因分析。

① 对缸体的污垢进行化验分析发现，其主要成分为铁，说明转化气中的酸性物质对管道形成腐蚀是造成压缩机缸体结垢的主要原因。

② 转化气进入合成压缩机的原设计管道及所有管件材质均为 20#钢，容易形成腐蚀性物质带入压缩机。

③ 少量的催化剂粉尘也是造成压缩机结垢的原因。

（3）采取的措施及结果。

① 将转化气进入合成压缩机的原管道及所有管件材质由 20#钢更换为 0Cr18Ni9 不锈钢材质，降低腐蚀性物质对管道的腐蚀。

② 继续保留管道外的伴热及保温，控制管道内气体温度在 25～35℃，防止饱和水析出对管道及设备造成的腐蚀。从工艺等方面综合控制腐蚀现象。

③ 通过以上措施，合成压缩机结垢现象得到了彻

底解决，压缩机实现了两年以上的长周期运行。

（4）建议及经验推广。

① 转化气中的酸性气体遇水会产生酸性腐蚀液体，通过调整温度控制冷凝液的析出可以减缓腐蚀速率。

② $10×10^4$t/a 甲醇装置转化气进入压缩机的管道材质设计为 0Cr18Ni9Ti 不锈钢，合成压缩机结垢现象主要出现在高压缸，而在低压缸中几乎不存在，因此设计使用的材料对控制结垢非常关键。

11. $30×10^4$t/a甲醇装置加压塔内件改造后操作要点

（1）事例描述。

2009 年 8 月，对 $30×10^4$t/a 甲醇装置加压塔内件进行改造，采用高效分离技术。2009 年 9 月，开工后加压塔采出产品出现持续不合格现象，化验分析产品甲醇中水含量在 2%～7%。出现该现象前，车间将 $10×10^4$t/a 甲醇装置水含量较低的部分不合格品送至 $30×10^4$t/a 甲醇装置进行处理。车间经过 2 天的调整，产品仍不合格，操作没有改善。

（2）原因分析。

① $10×10^4$t/a 单醇装置水含量较低的不合格品导致加压塔进料水含量改变，进料组成改变。

② 加压塔内件改造后，处理能力及效率提高，塔内气相上升速度快，气液相接触时间缩短，传质、传热效率受到影响。

③ 改造后加压塔操作环境发生改变，车间人员对

加压塔的操作方法还处于摸索阶段。

（3）采取的措施及结果。

① 通过向预精馏塔补充脱盐水，增加加压塔进料水含量至25%~35%后，加压塔操作逐步好转并稳定。

② 经调整后产品合格，逐步降低加压塔进料水含量至18%~22%。

（4）建议及经验推广。

① 加压塔在操作过程中如出现顶部温度超过120℃，底部温度与顶部温度差距缩小至5℃以内，产品将出现不合格的可能。

② 加压塔顶部压力与底部压力在操作中呈现如下关系：顶部压力应大于底部压力，压差显示如出现缩小或一致，说明加压塔操作出现异常；顶部压力小于底部压力，塔顶与塔底的温差也将呈现逐步缩小的趋势，最终导致产品不合格。

③ 操作中采用加大回流或减小采出、向加压塔顶补充氢气增加塔顶压力等调节手段很难扭转加压塔操作不正常的状态，产品甲醇很难合格。增大加压塔进料水含量为最直接有效的调整手段。

④ 加压塔在正常进出料状态下，在物料平衡及热平衡未发生改变的情况下塔底液位自行出现降低现象，操作中可以首先考虑进料水含量发生了变化，应及时采取补水措施，混合液补水浓度正常后，加压塔底部液位将会出现逐步上涨的现象，在物料组成重新平衡后塔内各项指标正常。

⑤ 在加压塔进料水含量增加至 25%～35%、常压塔进料水含量为 38%～40%的条件下，通过操作的优化和稳定，加压塔和常压塔可获得乙醇含量低于 $10\mu g/g$ 的优质甲醇(美国联邦 AA 级，2011 年 11 月调整期达到)。

⑥ 加压塔进料水含量控制在合适的范围内对塔的操作非常关键。

12. 加大不凝气排放解决产品甲醇酸度超标

(1) 事例描述。

$30\times10^4 t/a$ 甲醇装置常压塔及加压塔采出产品甲醇出现酸度超标现象，车间采用加大碱量、跟踪塔底水 pH 值等措施进行调整，在加压塔进料化验呈碱性的情况下产品甲醇酸度仍无法合格(酸度为 0.0076%左右)。继续对粗甲醇、常压塔及减压塔进料和塔顶气相进行取样分析查找原因。常压塔及加压塔顶部气相化验分析结果见表 2-8。

表 2-8　常压塔及加压塔顶部气相组成

项目	H_2 ,%	N_2 ,%	CO_2 ,%	CO,%	CH_4 ,%
加压塔	80.64	0.36	2.28	13.71	3.01
常压塔	84.25	0.28	1.84	10.98	2.65

根据分析结果，通过采取加压塔和常压塔顶部排放气相进行调整的措施，经过稳定操作，产品甲醇酸度合格。

（2）原因分析。

① 加压塔顶部存在酸性气体，溶于甲醇会造成酸度超标。

② 加压塔及常压塔在正常操作中塔顶气相不进行排放，将造成塔内酸性气体积累。

③ 再沸器存在泄漏现象。

（3）采取的措施及结果。

① 开启加压塔、常压塔顶部气相排放控制阀，对酸性气体进行排放。

② 对再沸器进行检查消漏。

③ 产品酸度逐步下降，特别是加压塔产品甲醇酸度下降明显，最终产品合格外送。

（4）建议及经验推广。

① 气相排放应缓慢，控制阀开度不宜超过 20%，否则会造成甲醇浪费量大。

② 对加压塔不定期进行采样分析，判断塔内气相组成情况，提前采取措施，防止产品出现不合格。

③ 精馏塔底部转化气再沸器如果出现转化气泄漏至塔内，转化气中的酸性气体是造成甲醇酸度超标的重要原因。

13. 常压塔内填料倾斜抢修纪实及思考

（1）事例描述。

自 2012 年 3 月 31 日起，$30 \times 10^4 t/a$ 甲醇装置常压塔采出产品甲醇的水含量一直无法合格（加压塔正常），车间采取了各种调整措施，但采出产品甲醇的水含量一直在2%~3%，两套甲醇装置储罐已接近全部满液位。被迫对精馏单元实施停工，对常压塔进行检查。4月4日，转化单元将原料天然气负荷降至12000m³/h，转化炉出口温度降至700℃。由于脱盐水用量减少，精馏单元热源过剩，转化气去精馏工段的跨线必须保持开度（否则会造成脱盐水换热设备出口超温），造成加压塔始终有0.5MPa左右的压力无法泄放，无法满足安装盲板的作业条件，常压塔顶部气相盲板无法安装，常压塔抢修工作无法进行。后期采取在预精馏塔注入脱盐水取热，加压塔将所有物料彻底蒸发干净进行降压，温度维持在设备能够承受的范围内。4月5日早上，接临时线对常压塔进行冲洗置换。4月6日，置换合格进塔检查，发现下层塔板浮阀脱落较多，填料层均出现由东向西约45°的倾斜，填料层上的液体分布器被吹翻。4月9日，抢修完毕，精馏单元开工进料。4月10日，产品合格。

（2）原因分析。

① 常压塔填料层出现倾斜、塔板浮阀脱落，导致塔内气液相传质、传热效率下降，造成甲醇产品质量不合格。

② 液体分布器被吹翻造成塔内液相在填料层上分布不均，气液相接触不佳，进一步造成气液相传质、传热效率下降，严重影响塔内的分离效率。

③ 塔内件损坏严重是导致产品无法合格的主要原因。

④ 常压塔在停工抢修前出现过不正常的操作现象。

（3）采取的措施及结果。

① 修复倾斜的填料层，对损坏严重的填料进行更换。

② 对浮阀及液体分布器进行修复，对损坏的塔内件进行修复。

③ 开工进料后产品合格。

（4）建议及经验推广。

① 物料平衡、热平衡、气液相平衡是各精馏塔操作的关键，岗位人员需熟知对三大平衡的判断及操作要领。

② 塔内填料层倾斜严重、液体分布器被吹翻，说明停塔前出现过不正常的操作。在液相缺失、大量气相快速上升的情况下才能发生严重的塔内件损害。

③ 操作人员在任何情况下都应避免因操作不当对塔内件造成的损害。

14. 合成催化剂低温活性的开发利用

（1）事例描述。

随着国内外合成催化剂研发水平的不断提高，甲醇催化剂的各项性能指标也在不断提高，催化剂低温活性区的范围不断增大，大大延长了催化剂使用寿命。但国内采用德国鲁奇公司合成甲醇技术的装置都不同程度存在合成催化剂低温活性无法得到充分利用的问题。造成该问题的主要原因是甲醇合成反应是强放热反应，反应器均为管壳程列管式设计，为了控制催化剂床层温度，防止强放热对设备造成的损害，在管间装有合成催化剂，而管外采用合格的脱盐水循环取热，及时将热量移走并副产中压蒸汽用于装置转化工段的水碳比调节。转化工段正常负荷下进入转化管的压力均在2.5MPa以上，因此合成副产的饱和蒸汽进入转化工段参与甲烷水蒸气反应，合成汽包输出压力就必须高于2.5MPa，该饱和蒸气压下对应的水温为227℃，而合成催化剂的初期活性可以从220℃开始，造成催化剂的初期活性白白损失了7~10℃无法利用，不仅损失了催化剂的使用寿命，还造成生产成本上升。

（2）原因分析。

① 工艺设计存在缺陷。随着合成催化剂活性的使用和衰退而逐步提高汽包产汽压力，从而维持合成催化剂床层温度。因此，在催化剂活性初期使用状态下，汽包所产蒸汽压力不能提高，否则会造成催化剂初期低温活性得不到使用而损失寿命。

② 合成甲醇放热反应所产生的蒸汽如果不作为转化工艺蒸汽使用，将破坏整个装置的蒸汽平衡，造成极大的热量损失，大幅增加甲醇生产成本。

③ 转化反应压力相对偏高并缺少合理的调节手段，造成反应所需的工艺蒸汽并入压力高。

④ 合成放热反应后产生的中压蒸汽没有更为合理的科学利用途径。

（3）采取的措施及结果。

① 与催化剂厂家联系并确定催化剂在初期时的相关性能。

② 实施改造，将合成汽包产出的中压蒸汽通过流程改造并入装置低压蒸汽管网，在异常情况下，合成放热反应产生的不能及时撤走的蒸汽并入改造后的低压蒸汽管网，实现蒸汽的全回收利用。

③ 优化转化工段的运行条件，在满足生产的情况下降低转化反应压力，合成工段产汽汽包所产蒸汽通过较大管径的复线调节进行控制。从而实现了转化工段与合成工段工艺蒸汽压力平衡，实现了蒸汽热能的充分利用。

④ 通过实践运行及相关资料的收集，制定适合装置的较为合理的合成催化剂低温活性应用技术。

⑤ 该项目取得了非常理想的效果，合成催化剂的初期低温活性控制在227℃运行，较装置合成塔前几个生产周期使用的催化剂初期活性平均下降了7～8℃，合成催化剂初期活性期间获得了较好的甲醇产量，获得了有效延长催化剂使用寿命的控制手段，首次实现了合成催化剂初期低温活性在 $10 \times 10^4 t/a$ 甲醇装置的成功应用，为装置的长周期运行奠定了坚实的基础。

⑥ 该创新技术实施后，每个生产周期的合成催化剂可多产甲醇 $7 \times 10^4 t$ 以上，为装置创造非常可观的经济效益。

（4）建议及经验推广。

① 合成催化剂低温初期活性的成功利用，使催化剂的平均使用寿命由实施前的 2 年提高到 2 年 7 个月以上，最终实现了 3 年以上的使用寿命。

② 该创新技术也走在了国内同类型甲醇装置的前列，有效节约了高额检修费用，间接效益非常明显。

③ 该技术实施前后部分运行指标对比情况见表 2-9。

表 2-9　技术实施前后部分运行指标对比

项目	催化剂初期活性使用温度，℃	单吨甲醇的天然气消耗量，m³	使用寿命，a
技术实施前	234	1280~1300	2
技术实施后	227	1250~1270	2.7

15. 合成驰放气外送对两套甲醇装置的影响

（1）事例描述。

10×10^4t/a 和 30×10^4t/a 两套甲醇装置原设计没有考虑外送合成驰放气的运行条件及工艺。随着国家对汽柴油产品质量升级的要求，全厂于 2009 年进行了产品质量升级改造项目。

氢气资源是炼油产品质量升级必需的宝贵资源。以天然气为原料的甲醇装置的工艺特点是氢多碳少，富含氢气的气体经变压吸附(PSA)提纯后外送可供全厂炼油装置使用，不仅可以解决炼油缺氢的难题，同时也提升了甲醇装置氢气的使用价值(原设计富余的氢气在甲醇装置只能作为燃料使用)。因此,两套甲醇装置被纳入全厂产品质量升级项目并进行了流程改造。2010年,随着全厂产品质量升级项目的投用,两套甲醇装置也开始向全厂外送合成驰放气。该项工艺改变了两套甲醇装置原有的运行模式,许多参数及运行条件发生了很大改变。随着外送合成驰放气的常态化,需要掌握新运行模式对两套甲醇装置的影响。只有不断总结,才能深挖装置在新模式下的运行提升空间和效益提升空间,使两套甲醇装置达到深挖内部潜力、不断提升盈利能力的新高度。

(2)原因分析。

① 满足炼油厂产品质量升级对氢气的需求。

② 炼油与化工装置实现优势结合,让甲醇装置的氢气得到更为科学的利用,发挥更高品质的价值。

(3)采取的措施及结果。

① 实施改造,实现了两套甲醇装置合成驰放气既可以单独外送,也可以同时外送的供氢工艺。

② PSA-A 套装置获得高纯度的氢气后,解吸气送至两套甲醇装置补充至转化炉作为燃料和原料利用。

③经过实际运行数据收集,对两套甲醇装置外送驰放气前后能耗进行统计分析(表2-10和表2-11)。

表 2-10　30×10⁴t/a 甲醇装置外送驰放气前后能耗统计

项目	天然气负荷，m³/d	驰放气量 m³/d	环路压力，MPa	甲醇产量 t/d	单吨甲醇的天然气消耗量，m³
2010 年 8 月 1 日	928700		7.9	919.36	1010.16
2010 年 8 月 3 日	920300		7.9	908.26	1013.26
2010 年 8 月 5 日	928500	未外送	7.9	911.21	1018.98
2010 年 8 月 7 日	921700		7.9	889.77	1035.89
2010 年 8 月 9 日	1006100		7.5	900.71	1117.01
平均值	941060		7.82	905.86	1038.86
2010 年 8 月 11 日	1001000	21000	7.1	902.84	1108.72
2010 年 8 月 14 日	1002400	27000	6.9	896.86	1117.68
2010 年 8 月 16 日	1002500	27100	6.9	900.69	1113.04
2010 年 8 月 18 日	1003180	31777	6.88	894.02	1122.1
2010 年 8 月 19 日	1002900	29600	7.0	897.32	1117.66
平均值	1002396	27295	6.9	898.35	1115.82

注：驰放气单独外送，在工况条件接近时统计。

对表 2-10 中数据进行分析，得出：

a. 外送驰放气后，单吨甲醇的天然气消耗量上升 76.95m³。

b. 为了维持正常的合成反应压力，外送驰放气后，天然气平均负荷上升了 61336m³/d，平均每小时上升约 2555.6m³。

c. 在同样的天然气负荷下，合成驰放气未外送时，由于环路压力高，而且新鲜气量没有损失，因此甲醇平均产量比外送驰放气后高出约 7.5t/d。

d. 由于解吸气热值低，因此外送驰放气后不仅要提高燃料天然气量，同时还要增加原料天然气量来弥补合成反应所需的压力，对装置运行成本影响较大。

表 2-11　10×10⁴t/a 甲醇装置外送驰放气前后能耗统计

项目	原料气总量, m³/d	燃料气量, m³/d	环路压力, MPa	甲醇产量, t/d	单吨甲醇的天然气消耗量, m³	备注
2009 年 1 月 25 日	351286	82848	6.3	335	1295.92	
2009 年 1 月 26 日	351091	82908	6.4	334	1299.398	
2009 年 1 月 27 日	351051	81508	6.3	331	1306.82	
2009 年 1 月 28 日	352452	81976	6.4	335	1296.8	
2009 年 1 月 29 日	350028	81476	6.3	339	1272.87	外送驰放气前
2009 年 1 月 30 日	351591	81516	6.3	342	1266.39	
2009 年 1 月 31 日	350280	81180	6.3	352	1225.73	
2010 年 2 月 1 日	351598	82556	6.3	337	1288.29	
2010 年 2 月 2 日	320641	82404	6.3	340	1185.43	
平均值	347779.78	82041.33	6.3	338.33	1270.41	
2010 年 10 月 1 日	350031	94920	5.4	303	1468.49	
2010 年 10 月 2 日	320316	105152	5.4	308	1381.39	
2010 年 10 月 3 日	315670	102224	5.4	303	1379.19	
2010 年 10 月 4 日	336910	103384	5.4	300	1467.65	
2010 年 10 月 5 日	318456	103172	5.4	301	1400.76	
2010 年 10 月 6 日	336747	101812	5.3	198	2214.94	外送驰放气后
2010 年 10 月 7 日	317355	99459	5.5	369	1129.58	
2010 年 10 月 8 日	319004	97016	5.4	330	1260.67	
2010 年 10 月 9 日	319285	95864	5.3	296	1402.53	
2010 年 10 月 10 日	317886	72120	5.4	105	3714.34	
2010 年 10 月 11 日	312087	77824	5.3	561	695.03	
平均值	323977	95722.45	5.4	306.73	1368.31	

注：驰放气单独外送，在工况条件接近时统计。

对表 2-11 中数据进行分析，得出：

a. 外送驰放气后，由于合成单元驰放气作为转化炉的燃料气量大幅减少，为了控制合成环路压力及转化炉温度，小烧天然气量增加幅度较大，每小时平均增加570m³。通过后期运行数据显示，在相近的工况下，天然气整体消耗量呈献出增长趋势。

b. 环路压力下降较为明显，下降幅度大于$30×10^4t/a$甲醇装置。后期数据显示，当外送驰放气量大于$30000m³/h$时，$10×10^4t/a$甲醇装置合成环路压力低至4.0MPa以下，对合成气产量及催化剂运行都会产生较大影响。

c. 甲醇日产量下降明显，外送驰放气前后相差31.6t，说明合成单元受设计能力影响，外送驰放气对合成效率影响较大。

d. 由于外送驰放气对合成单元运行效率影响较大，甲醇产量大幅度下降，因此单吨甲醇的天然气消耗量较外送驰放气前上升约98m³，对装置能耗等重要经济指标产生很大影响。

（4）建议及经验推广。

① 两套甲醇装置外送驰放气供全厂提氢使用，除影响能耗外，对甲醇装置的最大影响是解吸气作为燃料时造成转化炉温度波动。

② 由解吸气波动造成的转化炉温度持续波动的现象应尽快解决，只有实现两套甲醇装置的安全、平稳、长周期运行，才能为全厂提供可靠的氢气资源，全厂的平稳、长周期运行才有保障。

16. 合成清蜡过程中的典型现象及后续处理思路

（1）事例描述。

甲醇装置合成反应伴生着不同程度的副反应，形成石蜡等副产物附着在换热设备及容器内，造成冷后温度不断升高，严重时导致甲醇液相有效冷凝分离效率差，压缩机安全运行受到影响，装置的正常生产也受到严重影响。2013 年 4 月 26 日，$30 \times 10^4 t/a$ 甲醇装置合成单元按照计划被迫实施不停车处理合成系统合成循环水冷却器 E303 结蜡，装置按程序首先停运了膜分离系统，由于燃料组成结构的改变，CO_2 产量由 $5400 m^3/h$ 不断下降，最低降至 $4400 m^3/h$，对 CO_2 压缩机进行调整，从而防止了喘振现象发生。为控制以较小的合成压缩机出口循环量进行清蜡，合成环路压力从正常的 7.5MPa 降至 6.0MPa，合成反应变差，合成汽包中压蒸汽产量下降 10t/h。在转化原料气负荷为 $28500 m^3/h$ 的生产条件下，转化反应水碳比维持在 2.6 左右。合成空气冷却器 E302 风机停 5 台后，合成冷却器出口温度上升到 90℃，合成单元按方案进行清蜡。清蜡结束恢复过程，E303 出口温度最低为 39℃，随后出现闪蒸槽 V303 液位排不急现象。检查后发现系统清除的蜡主要堵塞在精馏单元预精馏塔 T401 进料换热器 E401 入口处，现场采用低压蒸汽加热吹扫逐步好转。当日下午，V303 液位再次上升，继续加热吹扫 V303 流量计及 E401 入口，但 V303 液位呈现通而不畅的现象，部分粗甲醇被迫转入粗甲醇储罐。后采用提高加压塔采出温度至 75~80℃来提高 E401 温度的措施进行清蜡虽有效果，但预精馏塔进料最大量为 25t/h，多产的约 17t/h 的粗甲醇只能进入粗甲醇罐，造成罐内液位持续上升。为了防止装置出现因憋罐停工的局面，车间采取了临时焊接 V303—V403（预精馏塔回流槽）和 V303—T401 两根 DN50mm 的管道给精馏单元进料，从而解决了粗甲醇罐液位不断上涨的现象。在该进料流程下运行 6 天后，加压塔采出产品甲醇的酸度出现超标（最高时达到 0.0186%），常压塔采出产品甲醇也出现酸度超标，导致精甲醇罐产品酸度超标，精甲醇罐再次面临憋罐的局面。后通过停用 V303—T401 临时进料线，保留 V303—V403 进料流程，开加压塔顶气相排放阀至常压塔回流槽，常压塔顶气相排放控制阀持续保持 15%的开度排放不凝气等措施，产品甲醇酸度不合格现象得到解决，装置运行基本正常。

（2）原因分析。

① 长碳链的石蜡熔点在 60℃左右，高温使石蜡熔解，低于 60℃时石蜡将凝固堵塞设备及管路，从而造成甲醇进料受阻，合成分离器液位上升。

② 清蜡措施可将合成系统的石蜡从设备上剥离，但石蜡会随着气体或液体向后续管路及设备迁移，在温度达到凝点时凝固，然后在通径小的部位堵塞。

③ 车间焊接临时管道给精馏单元进料，虽然解决了粗甲醇罐液位不断上涨的问题，但由于精馏单元长时

间处于冷态进料，气相分离效率差，易导致采出产品甲醇酸度超标。

④ 预精馏塔进料加热器 E401 进出口无设计跨线，出现堵塞后无法切除设备。

（3）采取的措施及结果。

① 铺设临时管道，将合成粗甲醇直接引入预精馏塔内，缓解 E401 通而不畅现象。

② 出现采出产品甲醇酸度不合格现象后，通过开启常压塔和加压塔气相排放阀排出甲醇液相中未得到有效分离的不凝气（含酸性气体），酸度超标现象得到解决。

③ 装置大检修时检查并清除附着在高压分离器除沫网、容器壁及压缩机缸体的石蜡及其他结垢物。

④ 在 E401 进出口之间通过改造加装连通管道，便于设备在出现堵塞及故障状态下的清理和维修。

（4）建议及经验推广。

① 加压塔采出产品酸度合格后，5 月 9 日闪蒸槽 V303 再次出现了液位上升现象，装置重新投用临时铺设的 V303—T401 进料线；常压塔采出产品甲醇也出现酸度超标，后通过关闭该线进料，打开塔顶控制阀排放不凝气后产品合格。进一步判明，精馏单元在长时间（5 天以上）的冷进料状态下，会造成预精馏塔气相分离效率差，从而对产品甲醇的质量造成影响。

② 实施清蜡措施可有效去除附着在设备及容器、

管道的石蜡等结垢，但石蜡随气体迁移在后续工段形成堵塞或部分进入合成催化剂床层的现象还应进行考虑和研究。

③ 在闪蒸槽 V303 后实施双流量计流程，在清蜡后可实现切换清理，可有效控制石蜡及结垢产物随液相后移的现象，很好地服务于装置长周期运行。

17. 30×10⁴t/a 甲醇装置合成空气冷却器运行条件技术分析

（1）事例描述。

$30×10^4$ t/a 甲醇装置合成空气冷却器自 2006 年投运后，一直存在着在入口流体温度未达到设计值（110℃）的情况下，出口温度在每年 5—10 月气温较高期间超出正常控制指标（小于 65℃）的现象，最高出口温度达到 77℃，超设计指标 12℃，造成后续换热设备及高压分离器的出口温度超设计值 15~18℃，对粗甲醇的冷却分离效率、合成压缩机组的安全运行及能耗等造成很大影响。车间技术人员曾采取增大空气冷却器风扇叶片角度等措施来降低出口温度，但效果不明显。2009 年，车间技术人员通过查阅空气冷却器设计资料，计算对比合成空气冷却器进口设计量与实际量，查阅合成空气冷却器冷却负荷等，掌握了空气冷却器实际运行与设计对比状态下的重要数据。2013 年夏季，为了掌握环境温度及太阳直射两种状态对运行效率的影响，车间技术人员通过跟踪、实测现场温度等手段采集空气冷却器部分实际运行数据进行验证。2014年，对合成空气冷却器采用脱盐水雾化喷淋，合成循环水冷却器E303循环水采用脱盐水外部降温综合措施对空气冷却器进行降温。通过采用多种技术手段，较为系统地掌握了影响空气冷却器运行效率的因素，获得了空气冷却器许多难得的实测运行数据，对合成空气冷却器在设计方面存在的处理能力不足及环境温度对运行效率的影响进行技术总结，为空气冷却器的操作提供技术参考。

（2）原因分析。

① 合成空气冷却器出口温度在每年5—10月气温较高期间长期超出设计指标，对甲醇产量及机组运行造成较大影响。

② 设备制造厂家认为，空气冷却器存在超负荷运行现象，因此导致冷却后出口温度超标。车间技术人员对实际运行数据统计计算，与设计运行结果进行对比。

③ 分析空气冷却器出口温度超标运行的原因，并找到有针对性的解决措施。

（3）采取的措施及结果。

① 不同负荷下合成空气冷却器处理能力对比情况，以及合成催化剂不同使用阶段循环气组成及分子量对比情况分别见表2-12和表2-13。

表2-12 不同负荷下合成气空气冷却器处理能力对比

不同阶段	甲醇产量 kg/h	处理能力 kg/h	备注	不同阶段		甲醇产量 kg/h	处理能力 kg/h	备注
催化剂活性使用初期	52809	224383.604	100%负荷	实际运行	2009年6月11日	45307	295316.94	含气相甲醇
催化剂活性使用后期	53075	271700.863			2009年6月28日	73693	321748.31	
催化剂活性使用初期	58110	293283.832	110%负荷		2009年7月4日	99105	330496.736	
催化剂活性使用后期	58316	294208.103			2009年7月6日	101265	346402.753	
设计平均负荷		270894.1		实际平均负荷			323491.18	
设计处理负荷		298873	110%负荷					

表 2-13　合成催化剂不同使用阶段循环气组成及分子量对比

不同阶段		H$_2$	H$_2$O	N$_2$	CO	CO$_2$	CH$_4$	分子量	平均分子量
催化剂活性使用初期		68.98	0.05	3.22	2.3	7.56	17.43	9.0494	8.5888
催化剂活性使用后期		75.84	0.04	2.19	4.12	5.41	12.01	7.5928	
催化剂活性使用初期		61.66	0.05	4.42	2.31	7.39	23.71	10.1718	
催化剂活性使用后期		76.02	0.04	2.17	4.2	5.29	11.89	7.5412	
生产运行	2009 年 6 月 11 日	68.89		1.16	6.88	6.25	16.32	9.0702	8.914
	2009 年 6 月 28 日	69.83		0.88	6.48	7	15.81	9.067	
	2009 年 7 月 4 日	69.42		0.21	5.93	5.26	19.18	8.4908	
	2009 年 7 月 6 日	67.13		0.43	7.15	5.42	19.87	9.029	

合成循环气组成，%

从表2-12和表2-13中数据可以得出：

a. 合成空气冷却器的设计处理负荷约为298.9t/h。$30×10^4t/a$ 甲醇装置在2009年6月实际处理负荷能力达到约323.5t/h，超出空气冷却器设计最大负荷量约10%。

b. 空气冷却器设计处理负荷低。在合成催化剂活性下降，合成甲醇产量低，无法将有效气体全部转化成甲醇产物，合成环路中 CO_2、CO等气体浓度升高，循环气平均分子量变大的情况下，空气冷却器将满足不了实际生产的需要。

② 合成工段空气冷却器部分设计参数与实际参数对比情况见表2-14。

表2-14 合成工段空气冷却器部分设计参数与实际参数对比

项目	进口温度 ℃	出口温度 ℃	操作压力 MPa	有效温差 ℃	备注
工艺设计	110~112	65	9.0	47	
空气冷却器设计	113	65	9.07	49.46	
实际运行	103~107	68~77	8.6	30~35	夏季
	95~100	54~60	8.6	40	冬季

从表2-14中数据可以得出：

a. 空气冷却器进出口设计温差为49.46℃，但实际运行期间夏季有效温差为30~35℃，冬季可以达到40℃，空气冷却器的运行效率达不到设计值。

b. $30×10^4t/a$ 甲醇装置于2008年8月更换了合成催

化剂。通过采集 1 个月的数据显示，在空气冷却器入口温度为 100~101℃（低于设计值 10℃）的情况下，出口温度接近 63~64℃ 的指标范围，甲醇日产量 980t 左右。这表明在合成气气质及催化剂活性较理想的情况下，合成空气冷却器入口温度在低于设计值 10℃ 的条件下，出口温度才能接近 63~64℃ 的设计范围。合成空气冷却器进出口的有效温差只有 40℃，无法达到 47℃ 的设计性能指标和有效温差。

③ 空气冷却器进口设计气质（反应器出口）与实际运行气质的对比情况。

通过对合成气组分进行分析统计得出，如果合成气平均分子量明显高于设计值，说明合成催化剂反应效率下降，导致循环气变重，压缩机效率及转速下降，使空气冷却器运行效率进一步降低，对装置产量及能耗造成影响。

④ 2013 年 7 月，通过对不同气温下空气冷却器进出口温度的现场实际检测得出，阳光直射不会造成空气冷却器进出口温度明显升高，而环境温度升降对空气冷却器运行效率的影响更大。

（4）建议及经验推广。

① 空气冷却器受环境温度影响大，夏季生产期间在进口气体温度低于设计正常温度 6~10℃ 的情况下，出口气体温度却高出设计温度 3~9℃，冷却效率差，达不到设计范围内的有效温差。

② 在合成催化剂活性使用末期，合成工段在 100%、110% 两种不同处理负荷下的计算结果说明，合成空气冷却器的设计负荷与工艺设计负荷基本相符。但是在催化剂活性逐步衰退、合成气分子量增大的情况下，合成空气冷却器的设计处理负荷将无法满足实际生产的需要。

③ 受空气冷却器冷却效率差的影响，合成水冷却器冷却后温度在 50℃ 左右运行（超出设计指标 10℃），导致粗甲醇冷却分离效果差，对甲醇产量及能耗造成了较大影响。

④ 合成空气冷却器及水冷却器长期存在的超温现象，会造成合成反应后的甲醇产物得不到有效分离，随循环气在压缩机组、合成催化剂床层及整个环路不断累积，不仅影响压缩机的动力消耗，还会进一步影响合成催化剂活性的正常发挥，对合成反应影响较大。

⑤ 通过采用遮阳措施来提高空气冷却器的运行效果可能收效甚微。

⑥ 应定期检查空气冷却器管束内是否存在结垢现象，并进行清理。

⑦ 空气冷却器出口挡板在 50% 的开度下的运行效率好于 100% 全开状态。

表 2-15 为 2013 年夏季空气冷却器现场测温数据表。

表2-15　2013年夏季空气冷却器现场测温数据表

单位：℃

项目		第1组	第2组	第3组	第4组	第5组	第6组	第7组	第8组	平均温度	备注
2013年7月22日 天气：晴	进口	109	103	106	105	105	103	103	109	105.3	挡板关至25%
	出口	77	73	82	76	78	81	78	77	77.7	
	温差	32	30	24	29	27	22	25	32	27.6	
2013年7月23日 天气：雨	进口	105	101	107	102	107	103	103	109	104.6	
	出口	79	74	69	70	83	75	77	79	75.7	
	温差	26	27	38	32	24	28	26	30	28.8	
2013年7月24日 天气：阴	进口	104	106	110	106	98	101	103	107	104.3	当天仪第5组挡板全开，其他关至25%
	出口	80	78	82	77	71	78	76	82	78	
	温差	32	28	28	29	27	23	27	25	27.3	
2013年7月25日 天气：小雨	进口	105	107	108	106	98	107	111	113	106.8	当天仪第五组挡板全开，其他关至25%
	出口	80	78	76	73	68	87	84	87	79.1	
	温差	25	29	32	33	30	20	27	26	27.7	

续表

项目		第1组	第2组	第3组	第4组	第5组	第6组	第7组	第8组	平均温度	备注
2013年7月30日 天气：晴	进口	83	87	86	83	86	87	91	105	88.5	挡板恢复
	出口	70	72	68	63	68	76	74	78	71.1	至100%开
	温差	13	15	14	20	18	11	17	27	16.8	
2013年7月31日 天气：晴	进口	92	90	99	90	90	91	93	98	92.8	
	出口	70	71	73	73	71	72	73	76	72.3	
	温差	22	19	26	17	19	19	20	22	20.5	
2013年8月2日 （11：00） 天气：晴热	进口	87	88	106	86	88	83	89	88	89.3	
	出口	70	71	80	70	71	73	70	72	72.1	
	温差	17	17	26	16	17	10	19	16	17.2	
2013年8月4日 （11：00） 天气：晴热	进口	85	92	107	90	89	90	92	89	91.7	挡板恢复
	出口	70	79	84	71	72	79	75	74	75.5	至100%开
	温差	15	13	23	19	17	11	17	15	16.2	
2013年8月4日 （21：00） 天气：晴热	进口	90	94	108	97	97	95	97	99	97.1	
	出口	79	81	93	85	83	83	83	89	84.5	
	温差	29	13	15	12	14	12	14	10	14.8	

续表

项目		第1组	第2组	第3组	第4组	第5组	第6组	第7组	第8组	平均温度	备注
2013年8月6日（10：30）天气：阴、有风	进口	95	97	105	93	90	91	96	93	95	
	出口	68	71	78	69	68	78	75	70	72.1	
	温差	27	26	27	24	22	23	21	23	24.1	
2013年8月6日（21：30）天气：阴、有风	进口	92	93	111	99	93	95	98	98	97.3	
	出口	80	81	92	87	81	82	84	87	84.2	
	温差	12	12	19	12	12	13	14	11	13.1	
2013年8月7日（10：30）天气：晴	进口	86	89	107	94	93	90	96	94	93.6	
	出口	69	70	82	74	70	77	74	71	73.3	
	温差	17	19	25	20	23	13	22	23	20.2	
2013年8月7日（17：00）天气：晴	进口	89	89	108	89	84	87	90	86	90.2	
	出口	74	71	77	74	72	78	73	69	73.5	
	温差	15	18	31	15	12	9	17	17	16.7	
2013年8月7日（21：00）天气：晴	进口	90	91	112	92	92	94	94	92	94.6	
	出口	79	80	91	76	78	83	81	83	81.3	
	温差	11	11	21	16	14	11	13	9	13.2	

续表

项目		第1组	第2组	第3组	第4组	第5组	第6组	第7组	第8组	平均温度	备注
2013年8月12日（17:00）	进口	97	103	104	101	101	97	95	95	99.1	挡板全开，当天气温高达33℃
	出口	85	87	84	84	81	87	80	84	84	
	温差	12	16	20	17	20	10	15	11	15.1	
2013年8月12日（21:00）	进口	94	101	102	101	102	103	101	100	100.5	
	出口	83	85	87	87	82	88	83	80	84.3	
	温差	11	16	15	14	20	15	18	20	16.1	
2013年8月13日（16:40）	进口	100（99）	102（98）	105（99）	111（100）	101（100）	109（94）	101（91）	102（90）	103.85（96）	挡板开至50%，当天气温高达33℃
	出口	85	86	85	82	82	82	79	79	83	
	温差	15（14）	16（12）	20（14）	29（18）	19（18）	27（12）	22（12）	23（11）	21（13.8）	

18. 合成系统冷后温度对甲醇产量及能耗的影响

（1）事例描述。

在甲醇装置实际生产中，受合成甲醇动力学反应及副反应影响，存在不同程度的结蜡现象，蜡附着在管内壁或冷换设备的管束上，影响设备的换热效率，造成出甲醇合成塔循环气经循环水冷却器最终冷却后的温度（以下简称冷后温度）升高，环境温度或其他因素的影响也会造成冷后温度升高。统计数据显示，采用相同的工艺生产条件下，同一天内各班组之间甲醇产量存在 12~15t 的较大差距，这主要是由于高原气候环境温度变化影响冷后温度造成的。受环境温度及结蜡的影响，每年 5—10 月，$30 \times 10^4 t/a$ 甲醇装置合成系统冷后温度在长达 6 个月的时间内持续超出设计指标运行，冷后温度最高时超出设计指标 30~34℃，对甲醇合成效率、甲醇收率以及装置能耗均造成较大影响。针对冷后温度夏季长期严重超标问题，通过对各班组甲醇日产量的实际统计，以及温度升高梯度对甲醇产量影响量的理论计算结果，深度分析冷后温度对甲醇装置带来的影响。

（2）原因分析。

① 不同温度和不同压力下，循环气中的甲醇浓度计算。

不同温度和不同压力下，循环气中的甲醇浓度有着较大的差距，表 2-16 中列出了依据理想气体状态方程计算的合成循环气中甲醇含量。

表 2-16　依据理想气体状态方程计算的

合成循环气中甲醇含量　　　　单位:%

温度 ℃	甲醇在 1atm 下的饱和蒸气 压, atm	甲醇摩尔体 积, cm³/mol	压力, MPa						
			5.0	5.5	6.0	6.5	7.0	8.0	9.0
20	0.1271	40.46	0.277	0.254	0.234	0.218	0.204	0.182	0.164
30	0.215	40.89	0.467	0.428	0.395	0.368	0.344	0.306	0.277
35	0.2754	41.11	0.597	0.547	0.506	0.471	0.441	0.392	0.354
40	0.3495	41.34	0.757	0.694	0.641	0.597	0.559	0.497	0.449
45	0.4398	41.58	0.952	0.872	0.806	0.75	0.702	0.624	0.564
50	0.5495	41.83	1.188	1.089	1.006	0.936	0.876	0.779	0.703
55	0.6803	42.08	1.47	1.35	1.244	1.157	1.083	0.963	0.869
60	0.8224	42.36	1.775	1.626	1.502	1.398	1.308	1.162	1.049
65	0.9625	42.67	2.076	1.902	1.757	1.634	1.529	1.359	1.226

　　通过表 2-16 中数据可以看出:循环气中甲醇浓度随温度的升高而升高,随压力的升高而降低。循环气中甲醇浓度越高,表示无法回收的甲醇量越大,甲醇损失越多。

　　② 合成系统冷后温度超出设计指标运行时理论甲醇损失量计算。

　　计算合成系统冷后温度从 40℃ 上升到 65℃ 甲醇产量理论损失值:

　　查 40℃、8.0MPa 下循环气中甲醇含量为 0.497%;65℃、8.0MPa 下循环气中甲醇含量为 1.359%;循环气量为 510000m³/h。冷后温度升高 25℃ 后甲醇的损失量为 510000m³/h×1000÷22.4L/mol×32g/mol×(1.359−0.497)÷100≈6.28t/h。

　　通过以上计算结果可以看出,合成系统冷后温度从

40℃上升到65℃，在同样的工艺条件下，每天理论甲醇损失量达120.6t，冷后温度上升对甲醇产量的影响是巨大的。但受高压分离器实际分离效率等因素的影响，甲醇实际回收量与理论回收量有一定出入。

③ 采集冷后温度变化对甲醇产量的影响统计数据（表2-17）。

表2-17 冷后温度变化对甲醇产量的影响统计数据

时间	冷后温度 ℃	粗甲醇产量 t	精甲醇产量 t	单吨甲醇的天然气消耗量，m^3
2013 年 7 月 1 日	65.4	1078.2	871	1107.3
2013 年 7 月 2 日	66.79	1071.5	858	1108.9
2013 年 7 月 3 日	64.44	1076	861	1108.6
2013 年 7 月 4 日	64.4	1068.6	861	1104.2
2013 年 7 月 5 日	65.9	1071.1	862	1105.8
2013 年 7 月 6 日	67.45	1077.8	858	1115.03
2013 年 7 月 7 日	66.58	1083.2	876	1091.9
平均值	65.85	1075.2	863.8	1105.96
2013 年 7 月 8 日	61.3	1100	879	1101.1
2013 年 7 月 9 日	60.77	1090.8	881	1097.1
2013 年 7 月 10 日	60.61	1078.7	875	1096
平均值	60.89	1089.83	878.33	1098.06

为了提高数据的准确性，补充采集同一工艺条件下，同一天生产过程中中班与夜班（气温不同）甲醇产量变化情况（表2-18）。

表 2-18　同一工艺条件下同一天生产过程中
中班与夜班甲醇产量变化

时间	冷后温度,℃	粗甲醇产量, t	精甲醇产量, t	单吨甲醇的天然气消耗量, m³
2013 年 7 月 2 日(中班)	66.79	356.5	282	1121.32
2013 年 7 月 3 日(中班)	64.44	358.4	285	1117.89
2013 年 7 月 4 日(中班)	64.4	352.9	285	1103.7
2013 年 7 月 5 日(中班)	65.9	355.9	283	1123.67
2013 年 7 月 6 日(中班)	67.45	357.6	282	1137.94
2013 年 7 月 7 日(中班)	66.58	360.2	287	1113.58
2013 年 7 月 8 日(中班)	61.3	365.5	298	1079.19
2013 年 7 月 9 日(中班)	60.77	360	291	1097.32
2013 年 7 月 10 日(中班)	60.61	359.2	286	1116.5
2013 年 7 月 12 日(中班)	64.65	358.7	290	1089.3
2013 年 7 月 15 日(中班)	65.75	349.1	279	1133.33
平均值	64.42	357.6	286.18	1112.15
2013 年 7 月 2 日(夜班)	60.9	357.5	289	1094.12
2013 年 7 月 3 日(夜班)	61.14	360	290	1097.58
2013 年 7 月 4 日(夜班)	60.6	357	287	1102.3
2013 年 7 月 5 日(夜班)	61.21	360	292	1086.6
2013 年 7 月 6 日(夜班)	62.52	360.9	291	1101.37
2013 年 7 月 7 日(夜班)	61.96	363	298	1067.44
2013 年 7 月 8 日(夜班)	61.75	367.5	295	1094.9
2013 年 7 月 9 日(夜班)	60.06	364.9	292	1108.28
2013 年 7 月 10 日(夜班)	58.1	359.2	295	1080.83
2013 年 7 月 12 日(夜班)	61.75	359.9	299	1062.69
2013 年 7 月 15 日(夜班)	57.2	354	286	1117.13
平均值	60.65	360.4	292.18	1092.11

从表 2-18 中数据可以看出：

a. 同一工况下，在循环气温度相差 4~5℃的条件下，精甲醇产量相差 15~18t/d，产量变化非常大(从同一天夜班和中班产量对比中得到进一步确认)。

b. 甲醇是在高温、高成本投入条件下通过合成反应获取的，但由于出合成塔气体最终冷却温度高，循环气中的气态甲醇不能冷凝为液态甲醇被高效回收，导致液态甲醇回收效率差，甲醇进入合成反应催化剂床层会进一步影响合成反应向生成甲醇方向进行，影响合成效率。

④ 合成空气冷却器冷却效率未达到设计指标运行。

a. $30 \times 10^4 t/a$ 甲醇装置合成空气冷却器未达到设计冷却能力是造成循环气温度超设计指标的主要原因。

b. 合成副反应形成结蜡附着在设备及管路壁上造成设备冷却效果差是使循环气温度高的另一项原因。

c. 格尔木属于特殊地理环境，空气冷却器受昼夜温差大、阳光直射温度高、空气湿度低等因素影响较大。

d. 2014 年 4 月 26 日对装置运行清蜡，仅 40 天后循环气冷后温度再次上升到 62℃以上。由于在短时间内再次形成严重结蜡的可能性非常小，因此分析认为昼夜温差大、阳光直射温度高等环境因素是造成每年夏季合成系统冷后温度明显上升的主要原因。

(3) 采取的措施及结果。

① 2014 年，同时采用空气冷却器除盐水雾化增湿及合成水冷却器除盐水喷淋降温措施取得了良好的效果。

② 定期对空气冷却器进行冲洗，通过有效清洗附着在空气冷却器管束上的泥沙、灰尘、丝绵等杂质，可有效提高空气冷却器换热效率。

（4）建议及经验推广。

冷后温度会对甲醇产量造成较大影响，通过理论损失值与实际损失值的计算对比，可以有效指导甲醇装置对出合成塔循环气经水冷却器最终冷却后的温度的控制。

19. 科学使用甲醇合成驰放气

（1）事例描述。

甲醇合成驰放气的主要组分包括 CO、CO_2、CH_4、N_2 及 H_2 等。合成甲醇的有效组分是 CO、CO_2 及 H_2，不参与合成甲醇的其余组分为惰性气体并在系统中逐渐累积。如果合成系统循环气内惰性气体增多，则 CO、CO_2 及 H_2 等有效气体的分压降低，不仅会造成甲醇产量下降，催化剂使用性能变差，还会增加压缩机动力消耗。因此，生产中需要按一定比例合理排放掉逐步累积的惰性气体作为转化炉燃料利用，这部分惰性气体被称为驰放气。驰放气排放过多，会造成合成甲醇有效气体的浪费，合成反应压力低，甲醇产量低，进一步影响装置能耗。目前，甲醇装置的合成驰放气外送厂变压吸附装置作为原料提氢后供全厂使用，满足全厂氢气的供给成为两套甲醇装置的一项重要任务。了解掌握合成驰放气的正确控制方法对甲醇生产有着重要作用。

（2）原因分析。

① 参与合成甲醇反应的气体是各有效气体按照一定的化学计量比混合而成的，气体一次通过合成催化剂仅能合成3%~6%的甲醇，因此新鲜气体的甲醇合成率并不高。在压缩机带动循环气不断循环的过程中，不参与合成甲醇的气体会不断累积（因化学计量比的影响），影响催化剂活性的发挥及甲醇产量，增加压缩机的动力消耗，造成甲醇生产成本高。

② 驰放气排放量过大会造成合成甲醇有效气体的损失，造成甲醇产量下降，增加甲醇生产能耗及成本。

③ 掌握科学的驰放气排放量，可以有效杜绝驰放气排放量不规范对合成反应效率、合成甲醇产量等带来影响，提高甲醇装置运行效率。

（3）采取的措施及结果。

① 驰放气排放量的计算公式如下：

$$V_{放空} \approx \frac{V_{新鲜} \times I_{新鲜}}{I_{放空}} \qquad (2-4)$$

式中　$V_{放空}$——放空气体的体积流量，m^3/h；

　　　$V_{新鲜}$——新鲜气体的体积流量，m^3/h；

　　　$I_{新鲜}$——新鲜气体中惰性气体含量，%；

　　　$I_{放空}$——放空气体中惰性气体含量，%。

甲醇合成驰放气排放量不是一个独立的控制因素，也不是一个恒定量。要根据合成单元工况现状及装置生产条件，合理地控制好、使用好合成驰放气。

② 合成催化剂使用初期，催化剂活性较好，驰放气排放量应控制小一些，依据驰放气排放公式将惰性气体含量控制在20%~25%。

③ 合成催化剂进入使用末期，由于催化剂活性下降，循环气通过催化剂床层合成甲醇的效率不断下降。在这种情况下，应提高甲醇合成反应压力，增加驰放气排放量，让反应向有利的方向进行。此时合成驰放气中惰性气体含量应控制在15%~20%。

④ 转化气气质成分好(残余 CH_4 含量低，CO和 CO_2 含量高)的情况下，具有合成甲醇较科学的化学计量比和氢碳比。在合成催化剂的作用下，甲醇的时空产率会取得理想效果。在这种条件下，控制驰放气的排放量一定要小，充分利用循环气中的有效气体组分，驰放气排放量在参考计算公式的前提下控制在 12%~15% 较为合理。

20. 惰性气体对合成反应的影响

（1）事例描述。

2008 年 10 月，$30×10^4t/a$ 甲醇装置合成单元驰放气水洗塔 T301 安全阀突然启跳。装置停氢回收单元，转化气作为燃料改流程至燃料气系统，燃料流量 $12500m^3/h$。由于氢回收单元停运，非渗透气没有补入转化燃料气系统，饱和塔补入 CO_2 产量从 $5800m^3/h$ 上升至 $6500m^3/h$。合成单元在线分析仪显示，转化气中甲烷含量上升 4%~5%。合成气循环量上升$(9~10)×10^4m^3/h$，合成系统反应压力及温度均正常，但粗甲醇产量不升反降。

（2）原因分析。

① 非渗透气较天然气热值低，燃烧后烟气中的 CO_2 含量低，导致 CO_2 产量低。燃料天然气消耗量增加后，烟气中的 CO_2 含量升高，因此补入饱和塔的 CO_2 产量增加。

② CH_4 气体不会参与合成甲醇的反应，因此在合成气循环量中属于惰性气体，如果不采取措施进行控制，惰性气体含量会不断上升，影响合成反应正常进行。

（3）采取的措施及结果。

① 关闭 T301 安全阀底阀，待安全阀维修正常后投用。

② 加大驰放气排放使用量，降低循环气中 CH_4 含量。

（4）建议及经验推广。

① 天然气燃烧完全后生成的 CO_2 较合成气及非渗透气燃烧产生的多，经二氧化碳单元—乙醇胺吸收后获得的 CO_2 产量高。

② CH_4 不参与合成甲醇的反应，操作中应控制其含量在设计范围以内。否则既增加了压缩机的动力消耗，还会对合成反应造成较大的影响。

③ 操作中应多关注气体分析数据，通过分析数据指导调整生产。

④ 控制好转化单元的操作，获得 CH_4 含量低、有效气体含量高的优质转化气是决定整个装置能耗及合成甲

醇效率和产量的关键。

21. 采用萃取液提高甲醇质量的优质调试

（1）事例描述。

2011 年 11 月，为了验证 $30\times10^4t/a$ 甲醇装置精馏单元预精馏塔、加压塔、常压塔及回收塔内件扩能改造后处理能力及产品质量是否达到技术协议相关条款的性能要求，装置编写了调试方案并展开了调试工作。此次调整分别经过了 $60m^3/h$、$65m^3/h$、$70m^3/h$ 三个处理负荷阶段，最大处理负荷增加到 $70m^3/h$，基本达到处理量的考核要求。

按照技术协议要求，在满足处理量性能考核的基础上，还需要考核精甲醇中乙醇含量(必须符合美国 AA 级标准，乙醇含量不大于 $10\mu g/g$)。在进入预精馏塔处理量稳定在 $65m^3/h$ 的基础上，通过常压塔采出杂醇油等措施，加压塔采出甲醇中乙醇含量最低可以达到 $15\mu g/g$，常压塔采出甲醇中乙醇含量稳定在 $60\sim150\mu g/g$，无法达到不大于 $10\mu g/g$ 的质量要求。

采用调整预精馏塔顶排放温度、增大回流量、降低塔底温度、稳定杂醇油采出温度、加大杂醇油采出量等多种措施，但乙醇含量始终无法下降并稳定在考核指标内。而且大量的杂醇油采出也造成精甲醇收率下降等问题。在一个多星期的调试过程中，精甲醇中乙醇含量始终无法达到指标要求。

（2）原因分析。

① 扩能改造提高了各塔内件的效率，但塔外径并没有进行相应匹配，存在塔内气速上升快，传质、传热效率下降现象。

② 过大的杂醇油采出可以控制甲醇中乙醇含量，但同时造成甲醇产量损失，甲醇收率受到影响。

③ 甲醇装置4个精馏塔内件均进行改造后，工艺条件发生了较大改变，操作设计参数和条件均出现了较大变化，对操作造成影响。

（3）采取的措施及结果。

① 采用萃取水工艺，在预精馏塔内加入脱盐水作为萃取液，稳定各塔温度及回流量等参数至正常范围内。

② 取消为控制加压塔内气相流速快，塔内传质、传热效率差，在加压塔顶接入氢气线补压的措施。加压塔内过高的气相流速通过萃取液等液相进行控制，加压塔内达到较好的传质、传热效果。

③ 稳定常压塔操作，同时稳定杂醇油采出温度，根据在常压塔操作条件下的气液相平衡，控制杂醇油采出温度为 83～87℃。该温度下能够形成乙醇的富集区域，从而形成有效的杂醇油采出控制。

④ 控制常压塔杂醇油采出量在 1200kg/h 左右，保证各精馏塔回流比在正常范围内。通过补充脱盐水作为萃取液，增加了常压塔进料口以下塔的内回流，稳定了

塔内上升气相，杂醇油采出温度实现稳定运行。

⑤ 补充萃取液后，常压塔底温度明显上升，杂醇油采出温度稳定，不仅保证了外排污水 COD 持续合格，而且各塔主要操作参数明显好转。

⑥ 通过分析杂醇油中乙醇含量，并控制在 3800μg/g 左右（在此之前，杂醇油采出口温度在 79~92℃ 之间波动，杂醇油中乙醇含量在 1600~6000μg/g 之间波动），实现了杂醇油的高效采出和采出量的控制。

⑦ 精甲醇中乙醇含量稳定并逐步下降，产品罐样从 50μg/g 逐渐降低到 10μg/g，加压塔采出甲醇中乙醇含量从 20μg/g 逐渐降低到 10μg/g 以内，常压塔采出甲醇中乙醇含量稳定并逐步降低至 10μg/g 以内。

部分操作参数及产品质量统计见表 2-19。

（4）建议及经验推广。

① 加入萃取液可有效提高精馏的传质、传热效率。对提高粗甲醇分离精度以及产品质量有着非常重要的意义。

② 精馏塔内通过自身形成的气液相平衡比采用其他外作用措施更有利于操作，而且更加平稳。

③ 及时分析杂醇油中乙醇等杂质含量，可以有效判断杂醇油等混合液采出控制温度和采出量，有效提高精馏收率。

④ 杂醇油实际采出量小于设计量，并且甲醇收率和质量均得到了保证。

表2-19 部分操作参数及产品质量统计

项目	预精馏塔	加压塔	常压塔	杂醇油	产品罐样
未补充萃取液					
塔顶（塔底）压力设计值，kPa	70(51)	610(600)	55(48)	采出	由于杂醇油采出温度波动，乙醇含量在32~170μg/g之间波动
塔顶（塔底）温度设计值，℃	70(73)	120(129)	68(109)		
萃取液采出量，m³/h		未加注			
回流量，m³/h	33	76	52		
采出量，m³/h		30	29		
杂醇油采出温度，kg/h			80~95		
杂醇油采出量，kg/h			1000		
产品中乙醇含量，μg/g		10~20	100~200		
补充萃取液					
塔顶（塔底）压力，kPa	70(51)	610(600)	55(48)	采出	补充萃取液稳定后乙醇含量分别降低50μg/g、23μg/g和10μg/g。由于产品罐中乙醇含量减少，可以判定加压塔和常压塔采出的平均值处于产品中乙醇含量小于10μg/g的水平
塔顶（塔底）温度，℃	70(73)	120(129)	68(106)		
萃取液采出量，m³/h		补充萃取液后加压塔进料粗甲醇中水分控制在24%~26%			
回流量，m³/h		78~80	58		
采出量，m³/h		30	29		
杂醇油采出温度，℃			80~82		
杂醇油采出量，kg/h			250~1500		
产品中乙醇含量，μg/g		10~12	10~24		

22. 蒸汽冷凝液作为再沸器热源的科学利用

（1）事例描述。

$30×10^4t/a$ 甲醇装置精馏单元加压塔塔釜分别由转化气及蒸汽作为热源提供热量。其中蒸汽再沸器设计蒸汽使用量为 19.2t/h，蒸汽温度为 163℃，压力为 0.5MPa，产生的冷凝液（温度为 150℃）进入粗甲醇预热器 E401 加热进入预精馏塔的粗甲醇。在实际生产中，为了控制加压塔底温度在正常操作范围内，蒸汽再沸器低压蒸汽实际使用量达到 23～25t/h，超设计指标4～6t/h，压力控制在 0.35MPa。取热后的蒸汽冷凝液与预精馏塔、回收塔底蒸汽再沸器产生的冷凝液混合后共同为粗甲醇预热器提供热量。其中精馏单元加压塔底蒸汽再沸器产生的冷凝液温度为 140℃，在没有完全被冷凝的过热状态下与其他两路混合液混合进入预精馏塔进料加热器，3 股冷凝液存在的较大温差造成后路的预精馏塔粗甲醇预热器及循环水冷却器存在严重的水击现象，对设备及管路的安全运行造成了严重威胁。

$30×10^4t/a$ 甲醇装置二氧化碳单元再生塔热源由两组再沸器提供，其中一台再沸器设计采用管网过热低压蒸汽，蒸汽压力为 0.5MPa，流量为 22.6t/h；另一台再沸器的热源原设计由汽提塔提供，蒸汽压力为 0.3MPa，流量为 10t/h。在实际生产中，由于汽提塔没有使用管网设计 10t/h 的低压蒸汽，因此汽提塔也不能产生低压蒸汽供二氧化碳再生塔使用，导致再生塔一台再沸器长期处于超负荷运行状态，而另一组长期处于闲置状态，对设备的有效利用及操作带来瓶颈。

该项目有效地将装置精馏单元加压塔低压蒸汽冷凝后的热能与二氧化碳工段闲置的再沸器进行衔接，充分利用加压塔蒸汽冷凝液的低温潜热，进一步降低蒸汽冷凝液温度，不仅有效地解决了设备水击现象，同时还节约了外用蒸汽量，为装置的节能降耗做出了贡献。

图 2-2 为蒸汽冷凝液作为再沸器热源的科学利用工艺流程简图。

（2）原因分析。

① 原设计装置精馏单元加压塔底蒸汽再沸器产生的冷凝液、预精馏塔及回收塔底蒸汽再沸器产生的冷凝液 3 股液体混合后共同给粗甲醇预热器提供热量。由于实际生产中存在较大的温差，导致管路及换热设备存在严重的水击现象，造成管道附件经常损坏，设备维修率高。

② 二氧化碳单元一台再沸器原设计采用汽提塔 10t/h 的低压蒸汽作为热源，但在实际生产中，由于汽提塔没有使用原设计的低压蒸汽，而是采用自然汽提的方式进行汽提处理，因此造成二氧化碳单元再生塔一台再沸器处于长期闲置状态，而另一台再沸器工作强度大，基本无可调节余地。

③ 加压塔采出甲醇产品的温度约为 110℃，甲醇采出后直接进入循环水板式换热器内与循环水换热，巨大的温差造成板式换热器结垢速率快，换热效率下降。造成冷却后甲醇最高温度达 85℃（设计小于 40℃进入储罐），对产品进储罐后的安全造成了极大威胁。

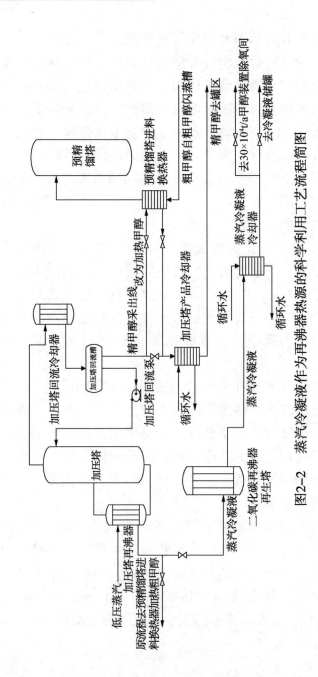

图2-2　蒸汽冷凝液作为再沸器热源的科学利用工艺流程简图

（3）采取的措施及结果。

① 实施流程改造，将加压塔蒸汽再沸器约 25t/h 的蒸汽混合液引入二氧化碳工段再生塔再沸器作为热源，并利用汽提塔原设计进入二氧化碳再沸器的闲置管路，不仅节省了投资，还充分利用了装置内蒸汽冷凝液低温潜热。

② 优化工艺流程，将加压塔采出的甲醇首先引至粗甲醇预热器 E401，在较小的温差范围下进行初步冷却，然后再进入第二组板式换热器内，实现了冷却全过程的合理温差梯度，使换热设备的结垢现象得到有效消除，为装置的安全长周期运行奠定了坚实基础。

③ 将加压塔再沸器后的低压蒸汽冷凝液引至二氧化碳再沸器后，有效使用了冷凝液的低温潜热，不仅使闲置再沸器得到有效使用，还可减少外用蒸汽使用量 3t/h 左右，年创直接经济效益 140 万元以上，节能效果明显。

④ 加压塔产品甲醇冷却后温度由改造前的 85℃ 降至改造后的 50℃ 以下，与常压塔产品混合后可满足产品储罐的安全储存要求，解决了改造前甲醇储罐的不安全的储存状态。

（4）建议及经验推广。

① 循环水含 Ca^{2+} 和 Mg^{2+} 较多，与温差较高的介质换热达到沸点温度后会形成结垢，从而影响设备的换热效率。

② 炼油化工装置具有很多可利用的低温热介质，

通过合理科学利用，可以创造可观的经济效益，值得不断探索总结。

23. 解吸气压缩机"脉冲"现象的成因及危害

（1）事例描述。

$10×10^4t/a$ 甲醇装置解吸气压缩机在 2015 年 11 月运行期间出现出口管路振动剧烈的现象，而且持续时间近 70h。11 月 24 日 19：30，发现解吸气活塞压缩机 C101A 四级缸出口管线与缓冲罐焊缝处出现两处裂纹。现场搭建脚手架，23：20 拆盲板停 C101A。23：40 启动解吸气活塞压缩机 C101B 运行，四级缸出口管路振动剧烈，通过采取减少解吸气补入量等调节措施未见明显好转。11 月 25 日，由于厂变压吸附装置出现异常故障，在调整过程造成 C101B 抽空，装置操作人员采取将解吸气原料切出压缩机，压缩机自身循环的处理方式。当厂变压吸附装置正常、解吸气流量压力稳定后，将解吸气再次补入往复式压缩机 C101B，出口管路振动现象消除。

（2）原因分析。

① 厂变压吸附装置解吸气分为正常波动和异常波动两种类型，正常波动量在 $800～1500m^3/h$，异常波动量最高时可达 $10000m^3/h$，解吸气的不稳定状态是导致压缩机出现振动现象的主要原因。

② 往复式压缩机的工作特点是活塞在气缸内进行周期性的往复运动，导致吸排气呈间歇性和周期性，管

内气体呈脉动状态。如果管内气体状态(如压力、速度、密度等)发生变化，出口管路将受激振力的影响形成不同程度的脉冲现象，激振力越大，脉冲现象越严重。

③ 除了设备本身的因素，管路脉冲严重还与管道结构固有频率与设备激振力频率过于接近有关。防振管卡和支座松动也会加大脉动现象发生程度。

(3) 采取的措施及结果。

① 关闭压缩机进出口闸阀，将原料气切出压缩机，待解吸气调整稳定、装置内各吸附塔压力相对稳定后，重新缓慢引入解吸气。

② 对压缩机出口管路的支撑管卡和固定管卡进行检查紧固，尽可能地消除管路脉冲频率幅度对设备运行造成的影响。

③ 采用以上措施后，压缩机组出口管路振动现象得以消除。

24. 长期使用石棉垫对装置安全带来的危害

(1) 事例描述。

2011 年 7 月 15 日 16:40，$10 \times 10^4 t/a$ 甲醇装置合成单元高压分离器 F202 液位计下法兰突然出现甲醇大量泄漏，由于喷出的甲醇压力非常高(6.2MPa)，而且甲醇是易燃有毒液体，对人员及设备的危害非常大，车间采取紧急停合成单元，待系统降至常压后进行处理的措施。待合成环路压力降至常压后，现场采取关合成塔出口大阀，环路氮气正压保护催化剂。应急人员佩戴防毒面具和正压呼吸仪进入现场检查抢修，发现是高压分离器液位计下法兰密封石棉垫断裂造成的甲醇泄漏。车间将石棉垫更换为同型号的金属石墨缠绕垫，同时检查并将液位计上法兰垫片也更换为金属缠绕垫后开工，19：10 合成单元恢复正常。

（2）原因分析。

① 石棉垫破损是造成高压分离器液位计下法兰泄漏的主要原因。

② 石棉垫长期使用（已使用 13 年），导致性能下降，不能承受当时的操作压力。

③ 新版密封件设计规范不允许采用石棉垫作为密封件。

（3）采取的措施及结果。

① 更换破损的液位计下法兰石棉垫，并采用符合压力条件及规格要求的金属石墨缠绕垫取代石棉垫。

② 举一反三，检查并发现液位计上法兰也是采用的石棉垫，同时更换上法兰石棉垫为金属石墨缠绕垫。

③ 从 2011 年至今，高压分离器液位计上、下法兰再未出现泄漏。

（4）建议及经验推广。

① 石棉垫在实际使用过程中，存在寿命短、遇液体或腐蚀性溶剂易失去密封性能等问题，易出现泄漏。

② 新版密封件设计相关规范不允许将石棉垫作为密封件进行使用，特别是在炼油化工危险性较大的装置及部位。在生产过程中如遇到石棉垫作为密封件使用的

情况，应及时进行更换。

25. 合成汽包上水线阀门出现严重内漏的应急处理

（1）事例描述。

10×10^4t/a 甲醇装置合成汽包上水自动控制阀复线闸阀在 2016 年 3 月中旬出现内漏现象，在自动控制阀及前后闸阀全关闭的情况下，合成汽包液位持续上升，操作上采取加大汽包排污阀的措施维持汽包液位在正常范围。但阀门内漏现象不断恶化，到 4 月 5 日，内漏量最大已达到 25t/h（已超仪表量程），随着排污量的加大，排污闪蒸槽 F106 压力已从正常的 0.35MPa 上升至 0.75MPa（安全阀启跳压力 0.8MPa），接近容器的最高运行压力，而且排污闪蒸槽液位自动控制阀已经全开，排污量已到最大值，装置面临着因合成汽包满液位而被迫停工的危险。

（2）原因分析。

① 控制阀出现内漏现象，而且内漏量增加速度较快。

② 锅炉给水泵同时承担为合成汽包和转化汽包供水的任务，供水压力在 6.0MPa 左右，温度在 180℃ 以上，因此在装置正常运行期间，无法更换内漏阀门。

（3）采取的措施及结果。

① 现场确认关紧内漏阀门，但无效果。

② 联系机修车间制定处理阀门的专业措施，但受压力及温度条件限制无法实施。

③ 讨论从上水线自动控制阀前焊接一条临时线，将进入合成汽包内漏的除氧水返回至除氧间回收，从而缓解合成汽包满液位的现状。该临时线于 2016 年 4 月 8 日完成施工，投用后有效缓解了阀门内漏对汽包满液位构成的威胁。

④ 在大检修或合适的时间更换内漏阀门，消除隐患。

合成汽包上水线阀门出现严重内漏的应急处理工艺如图 2-3 所示。

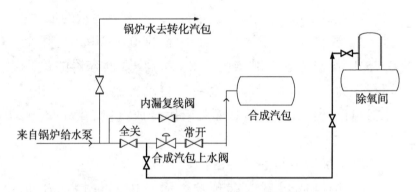

图 2-3　合成汽包上水线阀门出现严重
内漏的应急处理工艺简图

（4）建议及经验推广。

① 该内漏阀前压力为 6.1MPa，出现内漏时阀后压力为 2.8MPa，内漏阀前后压差达到 3.3MPa。压差越大，对阀板的磨损越严重，内漏量会快速增大。

② 通过引流处理的方式，成功地维持了装置的正常运行，杜绝了一次非计划停工。

③ 内漏量不断增大造成临时线晃动现象加剧，5 月8 日临时线突然断裂。装置紧急采取临时拆除锅炉水排污膨胀槽安全阀增大泄放通径，控制锅炉水排污膨胀槽压力在 0.8MPa 下开大合成汽包排污量，合成汽包液位可维持在 70%~75%大范围内修复断裂临时线，恢复该线的使用。

④ 应加强关键部位设备设施的使用及管理，一个很小的阀门或零件都会给装置的长周期安全运行构成威胁。

第三章
二氧化碳回收及压缩工序

一、技术问答

1. 烟道气回收二氧化碳的作用和意义是什么？

答：对于天然气制甲醇装置，烟道气回收 CO_2 可以弥补合成气生产原料"氢多碳少"不科学计量比的不足；增产甲醇，降低能耗。此外，CO_2 是造成环境污染"温室效应"的重要气体，烟道气含有 $8\% \sim 10\%$ 的 CO_2，直接排入大气会对环境造成影响。因此，通过化学吸收法回收烟道气中的 CO_2，可以起到保护环境的积极作用。

2. 烟道气回收二氧化碳的原理是什么？

答：CO_2 属于酸性气体，目前大多采用碱液吸收，然后进行再生。碱液种类各不相同，但吸收原理相似，以一乙醇胺（MEA）回收 CO_2 工艺过程为例：

一乙醇胺分子中含有一个羟基和一个氨基，通常认为羟基降低化合物蒸气压，并增加化合物在水中的溶解度；而氨基则提高了溶液的碱度，促使酸性气体的吸收。一乙醇胺溶液吸收 CO_2 所发生的主要反应如下：

$$2HOCH_2CH_2NH_2 + CO_2 + H_2O \longrightarrow (HOCH_2CH_2NH_3)_2CO_3$$
$$(HOCH_2CH_2NH_3)_2CO_3 + CO_2 + H_2O \longrightarrow 2HOCH_2CH_2NH_2HCO_3$$
$$2HOCH_2CH_2NH_2HCO_3 + CO_2 \longrightarrow HO(CH_2)_2NHCOONH_3(CH_2)_2$$

3. 控制胺回收加热器液位的重要性是什么？

答：控制胺回收加热器的液位也就是控制容器的蒸发空间。胺回收加热器液位过高，再生溶液在蒸汽加热作用下，溶液中的降解物、腐蚀物无法得到有效分离或者分离后的降解物被再次带入再生系统，加速了系统溶液的降解，腐蚀物再次对设备及工艺管路造成腐蚀，最终形成恶性循环；加热器液位过低，容易形成降解产物胶质化堵塞管路及容器。正常操作时控制胺回收加热器液位在 50%~60% 之间。

4. 为什么要严格控制胺回收加热器的温度？

答：胺回收加热器正常操作温度控制在 160~180℃，入口温度严禁超过 180℃。运行过程中要严格控制加热器底部温度（正常操作温度控制在 110~150℃），加热器底部温度超过 150℃时溶液中胺不能有效回收，同时造成蒸出的残液被带入系统，须及时降低加热器温度进行排液。胺回收加热器温度太低，溶液中的降解物无法得到有效分离，达不到通过温度调节将降解物从系统中剥离的作用；温度太高，溶液蒸发速度太快，同样达不到分离降解物的作用。胺回收加热器的运行效果可通过观察溶液颜色进行判断，正常的溶液颜色为淡黄色，溶液颜色越深，说明降解越严重。

5. 为什么要严格控制复合胺溶液中的铁离子含量？

答：铁离子是判断溶液降解及系统腐蚀情况的重要

指标，同时还是加速溶液降解的催化剂。系统中铁离子含量应控制小于 15mg/L。如果系统中铁离子含量一直控制在 15mg/L 以下，说明溶液的降解在合理的控制范围内，而且铁离子含量越低越好；如果系统中铁离子含量在 15mg/L 以上，说明溶液降解现象严重，铁离子含量越高，说明溶液对系统的腐蚀越严重，而且铁离子还会加速溶液的降解和腐蚀，应及时进行调整。

6. 溶液中的再生度分析指标对二氧化碳系统运行有何影响？

答：吸收了 CO_2 的溶液称为富液，通过再生脱除 CO_2 后的溶液称为贫液，富液与贫液中 CO_2 含量的差值称为再生度。富液中 CO_2 含量高，说明溶液吸收效果好，吸收塔运行效果好；而贫液中 CO_2 含量高，说明 CO_2 没有从溶液中得到有效再生，再生塔运行效果不好。CO_2 再生效果不好的溶液在循环过程会进一步造成吸收效果下降，从而导致整个系统运行效率下降；同时 CO_2 再生效果不好会进一步造成溶液的降解。因此，再生度的好坏对二氧化碳单元影响很大。一般贫液中 CO_2 含量与富液中 CO_2 含量的差值应不小于 10。

7. 温度控制对二氧化碳系统有何影响？

答：一乙醇胺吸收 CO_2 为放热反应，降低温度有利于吸收塔对 CO_2 的吸收，提高温度则有利于 CO_2 解吸，因此吸收操作适宜在低温下进行，而再生操作则在较高的温度下进行。

对吸收塔而言，低温一方面有利于化学吸收反应，另一方面可以降低离开吸收段气体中的一乙醇胺的分压，减轻洗涤段负荷。操作中应注意出贫液水冷却器贫液的温度，应控制其小于40℃。

对再生塔而言，高温有利于酸性气体的解吸，提高溶液再生度，增大溶液负载CO_2的能力。但过高的温度会导致一乙醇胺降解，加剧再生系统的腐蚀，实际运行中需对二者同时兼顾。

8. 压力控制对二氧化碳系统有何影响？

答：对吸收塔而言，如果气体压力高，则气相中CO_2分压增大，吸收的推动力增大，因此高压有利于吸收。相反，如果气体压力低，则吸收推动力减少，不利于吸收。在烟道气回收二氧化碳系统中，由于烟道气中CO_2浓度低，一般为6%~9%，压力升高虽然可以减少吸收塔直径，但电耗增加；如果压力较低，为了使气体通过吸收塔并保证一定的空塔气速，则需要增加吸收塔直径。因此，适宜的压力可以兼顾二者的矛盾，一乙醇胺吸收CO_2一般控制增压风机的出口压力在6~9kPa。

9. 溶液循环量控制对二氧化碳系统有何影响？

答：在一定的温度和压力下，一乙醇胺对CO_2的溶解度是一定的。溶液循环量小，吸收效率低，产品气中CO_2含量低；溶液循环量大，吸收效率高，产品气中

CO_2 含量高。但溶液循环量过大，能耗增加，经济性不佳。

当一乙醇胺浓度一定时，溶液循环量的选定标准为富液中酸气负荷不大于 0.35mol CO_2／一乙醇胺的物质的量。一乙醇胺浓度直接影响溶液循环量，由于 1 分子胺只能与 0.5 分子 CO_2 反应，如果溶液酸气负荷大，会造成一乙醇胺溶液有效吸收 CO_2 能力达不到理论期望值，因此，实际操作中应综合考虑需要的 CO_2 产量、酸气负荷、溶液浓度等，并选定最佳溶液循环量。

10. 一乙醇胺浓度控制对二氧化碳系统有何影响？

答: 在系统运行过程中，随着吸收气体的夹带及溶液的降解，一乙醇胺的浓度会不断发生变化。合适的一乙醇胺浓度可以保证系统达到最优的运行成本及产量要求。一乙醇胺浓度低，CO_2 吸收率差、产量低，设备运行能耗增加；一乙醇胺浓度高，CO_2 吸收率好、产量高，系统可实现经济运行。但一乙醇胺浓度过高，不仅造成消耗化工原材料费用增加，同时还会造成对设备及工艺管路的腐蚀。一乙醇胺吸收 CO_2 一般控制一乙醇胺的浓度为 15%～20%。

溶液浓度可通过补充脱盐水或一乙醇胺进行调节。溶液浓度高，向系统补入脱盐水；溶液浓度低，向系统补入一乙醇胺。一乙醇胺加入量计算公式如下:

$$w = w_1 (C_2 - C_1)/C \qquad (3-1)$$

式中　w——一乙醇胺加入量，kg;

w_1——系统溶液藏量，kg；

C_1——溶液要求浓度，%；

C_2——溶液当前浓度，%；

C——一乙醇胺浓度，%。

11. 二氧化碳气体补加位置的优点和缺点分析?

答：在天然气制甲醇装置中，都需要通过寻找碳源来使转化气达到科学的氢碳化。CO_2作为重要碳源，补加位置可以在转化炉前，也可以在转化炉后。从总体效果看，转化炉前补加 CO_2，单吨甲醇能耗略低于转化炉后补加（表3-1）。但需要考虑转化炉及转化管的处理负荷。通过数据采集得出，随着 CO_2 补加量的增加，合成气中有效成分增加，有利于合成反应，且单吨甲醇能耗降低，因此应通过增加 CO_2 补加量来控制合成气氢碳比在 2.05~2.15。

表3-1 不同 CO_2 补加位置下的单吨甲醇能耗

项目		转化炉前补加	转化炉后补加
合成气组成,%	H_2	71.24	70.72
	CO	14.05	12.53
	CO_2	11.74	12.82
	N_2+CH_4	2.97	3.93
精甲醇产量, t/h		13.9	12.86
燃料气量, m^3/h		5012.97	4491.94
单吨甲醇能耗, GJ		38.03	38.4

12. 造成一乙醇胺降解的主要因素是什么?

答：一乙醇胺降解成因较为复杂，主要有一乙醇胺

与 CO_2 反应降解、一乙醇胺与 O_2 反应降解、一乙醇胺与 COS 反应降解、一乙醇胺与 Fe 反应降解及一乙醇胺热降解等。

13. 一乙醇胺与二氧化碳的降解反应和危害？

答： 一乙醇胺与 CO_2 的降解反应如下：

$$HOCH_2CH_2 + CO_2 \longrightarrow \begin{matrix} CH_2 - CH_2 \\ | \qquad\quad | \\ O \qquad\quad NH \\ \diagdown C \diagup \\ \| \\ O \end{matrix} + H_2O \qquad （反应1）$$

$$\begin{matrix} CH_2 - CH_2 \\ | \qquad\quad | \\ O \qquad\quad NH \\ \diagdown C \diagup \\ \| \\ O \end{matrix} + HOCH_2CH_2NH_2 \longrightarrow HOCH_2CH_2N \begin{matrix} CH_2 - CH_2 \\ | \qquad\quad | \\ \qquad\quad NH \\ \diagup \,\, C \diagup \\ \| \\ O \end{matrix} + H_2O \qquad （反应2）$$

$$HOCH_2CH_2N \begin{matrix} CH_2 - CH_2 \\ | \qquad\quad | \\ \qquad\quad NH \\ \diagup\,\, C \diagup \\ \| \\ O \end{matrix} + H_2O \longrightarrow HOCH_2CH_2NHCH_2CH_2NH_2 + CO_2 \qquad （反应3）$$

在一乙醇胺与 CO_2 的降解反应中，决定降解速度的控制步骤为反应 1。温度每升高 10℃，转化速度将提高 60%~80%。在上述降解产物中，反应 3 的产物比一乙醇胺碱性强，与 CO_2 反应形成其他化合物较难再生。这些降解物不仅造成胺的损失，而且在操作中还产生一些其他不良反应，导致溶液黏度增加，解吸困难，腐蚀性增加。

14. 一乙醇胺与氧气的降解反应和危害？

答：由于烟道气中含有一定量的 O_2，采用一乙醇胺进行 CO_2 回收时，O_2 易与一乙醇胺溶液发生氧化降解反应，产生甲酸、氨基乙酸、羰基乙酸、乙醛酸、草酸等降解物。而且在再生温度条件下，一乙醇胺这种降解过程会大大加速，不利于降解产物剥离。实际生产中采用向系统加入抗氧化添加剂来抑制氧化降解反应，同时控制转化炉烟气中 O_2 含量。

15. 一乙醇胺与铁的降解反应和危害？

答：铁与一乙醇胺溶液形成的产物是螯合物，主要结构如下：

$$[\text{Fe}(\begin{array}{c}\text{NH}_2-\text{CH}_2\\|\qquad|\\\text{O}-\text{CH}_2\end{array})_3]\cdot 3\text{H}_2\text{O}\qquad [\begin{array}{c}\text{HO}\\\\\text{HO}\end{array}\text{Fe}\begin{array}{c}\text{NH}_2-\text{CH}_2\\|\qquad|\\\text{O}-\text{CH}_2\end{array}]\cdot\frac{1}{2}\text{H}_2\text{O}$$

这类络合物可以形成 N-(2-羧基乙基) 乙二胺以及其他聚氨基物。当溶液冷却或化合物与 H_2S 相互作用时，FeS 可以沉淀于残留物中。而参加螯合物的原来组分被再生，重新在设备的高温部分与 Fe 发生反应，从而进一步导致腐蚀产物积累，而且 Fe 是加速一乙醇胺溶液降解的催化剂，应严格进行控制，控制指标应小于 15mg/L。

16. 如何做好一乙醇胺溶液的降解和腐蚀控制？

答：一乙醇胺溶液降解是一个比较复杂的过程，降解速度受原料气组成、系统操作条件等多方面因素影响。而这些因素的作用也不是孤立的，如在 CO_2 存在的情况下，一乙醇胺的氧化降解将大大加速。在溶液再生过程中，使用的加热介质温度越高，越会加快一乙醇胺溶液的热降解，同时加速了与 CO_2、O_2、Fe 反应以及 CO_2 在溶液中的副反应。实际生产中发现，加热蒸汽温度从 150℃ 提高到 180~190℃ 会显著加剧对碳钢的腐蚀。

　　大量的操作经验表明，要降低一乙醇胺的降解速率，保持二氧化碳工段良好的运行效果，首先要严格控制溶液使用工艺要求和指标。由于二氧化碳工段溶液发生降解现象是不可能完全消除的，因此在控制好进入二氧化碳工段的转化炉烟气中 O_2 含量等指标及二氧化碳工艺控制指标的前提下，必须通过二氧化碳胺回收加热器等再生系统的良好运行来控制溶液降解和腐蚀速率，减缓溶液降解及对二氧化碳系统带来的腐蚀。通过再生系统将降解物有效排出，防止降解物在系统中的累积。通过溶液颜色、分析数据提前控制才能取得良好的运行效果。

二、典型事例剖析

1. $10×10^4 t/a$ 甲醇装置二氧化碳单元运行故障及解决措施

（1）事例描述。

2004 年底至 2005 年初，$10×10^4 t/a$ 甲醇装置二氧化

碳单元开始出现 CO_2 产量下降、一乙醇胺溶液降解严重、一乙醇胺溶液消耗量上升等问题。贫液入口管线及胺回收加热器封头多次出现泄漏。甲醇产量下降，单吨甲醇生产成本明显上升，对二氧化碳单元装置的正常运行造成了影响。

（2）原因分析。

① 二氧化碳单元在装置短时间停工期间及开工前没有采取清洗置换的步骤，系统中残留的溶液降解物会加剧新鲜溶液的降解，形成恶性循环。

② 胺回收加热器位置设计不合理，易导致加热器满液位运行，造成运行效率低，降解物脱除效果不佳，溶液再生效果差。

③ 洗涤塔对烟气的洗涤效果差，烟气洗涤后温度长期高于设计温度（不大于40℃）。

④ 抗氧化添加剂和缓蚀剂未按设计加注量加注。

⑤ 溶液循环量偏低，导致溶液中 CO_2 再生度差。

⑥ 未化验分析贫液和富液组成，贫液和富液中 CO_2 含量再生度长期偏低，富液中 CO_2 再生效率不佳。

（3）采取的措施及结果。

① 二氧化碳单元遇长时间（不小于72h）停运，再次开工前应坚持先采用脱盐水清洗，并采用胺溶液、缓蚀剂等进行循环钝化后方可引入烟气。

② 进行设计变更，将胺回收加热器从二层平台移至地面，并重新进行配管，正常运行时控制液位在

40%~60%，蒸汽温度控制在170~180℃。胺回收加热器底部温度达到150℃时及时排放降解物。

③ 关注洗涤塔运行效果，控制洗涤后烟气温度不大于40℃。

④ 按要求加注抗氧化添加剂和缓蚀剂。溶液中抗氧化添加剂含量应控制在0.15~0.25g/L，缓释剂含量应控制在0.08~0.1g/L。

⑤ 一乙醇胺混合溶液循环量提高至设计指标运行。

⑥ 关注贫液和富液中CO_2含量的化验分析数据，建议贫液和富液中CO_2含量再生度不小于10，并通过该数据调整再生塔运行情况。

⑦ 采用以上措施后，二氧化碳单元逐步运行正常。

（4）建议及经验推广。

① 贫液和富液中的CO_2含量是分析溶液再生情况的重要指标，应加强关注。

② 一乙醇胺混合溶液中CO_2气体在再生塔内拨出率差，吸收的CO_2无法得到有效再生，在系统中会加剧溶液的降解腐蚀，造成CO_2产量下降。

③ 胺回收加热器是分离系统中降解物的重要设备，液位高会造成分离效率下降。加热器底部温度是判断降解物分离效率、降解物含量的重要参数，温度达到150℃时应及时排放降解物，否则降解物会继续分解或结焦，影响设备运行及整个系统的再生。

2. 甲醇装置二氧化碳单元开停效益分析

（1）事例描述。

以天然气为原料的甲醇装置均存在着"氢多碳少"的工艺缺陷，因此从转化炉烟道气中回收 CO_2 气体，调节合成甲醇原料氢碳比不仅可以解决碳含量不足的问题，同时还可以减少烟道气中 CO_2 排放大气对环境造成的影响。二氧化碳单元在甲醇装置中具有较好的增产甲醇、节能降耗作用。但随着甲醇市场价格的变化，二氧化碳单元运行过程耗能大、腐蚀现象较严重等问题也暴露了出来。"企业的最终目的就是实现效益最大化"，为了抵御甲醇市场价格不景气带来的亏损，通过仔细核算对比 10×10^4 t/a 甲醇装置二氧化碳单元运行与停运两种状态的数据，发现二氧化碳单元运行也存在效益点，在现有的原材料价格下，只有当每吨甲醇出厂价格高于 2630 元（装置现金加工成本）时，多生产甲醇才能产生效益，否则二氧化碳单元的运行就会加大装置的亏损程度，创效装置成为亏损装置。为此，10×10^4 t/a 甲醇装置于 2016 年底停运了二氧化碳单元，在甲醇市场价格持续低迷的情况下止住了效益"出血点"，并为二氧化碳单元停运、运行时机做出了定义和总结。

（2）原因分析。

① 降低甲醇市场价格低迷情况下装置的亏损额度，努力创造效益最大化。

② 摸索甲醇装置科学高效的运行模式，降低二氧化碳单元运行维护费用，进一步降低生产成本。

（3）采取的措施及结果。

① 停运二氧化碳单元所有设备，停运水、电、气等供应，减少成本支出。

② 在洗涤塔建立水封，系统隔离转化炉烟气进入，保障单元安全。

③ 系统所有脱碳剂溶液退入溶液储槽或 $30 \times 10^4 t/a$ 甲醇装置保存使用，节省化工原材料成本。

④ 经过统计，电量每小时减少了 $1230 kW \cdot h$，增加外供中压蒸汽约 $7.5 t/h$，为全厂降低蒸汽能耗做出了较大贡献。

⑤ 每月减少 6t 脱碳剂消耗，减少维护材料费 3000 元。经过效益测算，二氧化碳单元停运后，每月可减少生产成本 90 余万元，降本成效显著。

（4）建议及经验推广。

装置运行应树立以市场为导向、以效益为导向的意识，灵活掌握炼油化工装置的运行模式。

3. 二氧化碳补加方式对甲醇装置转化气气质及产量的影响

（1）事例描述。

以天然气为原料的甲醇装置都存在着"氢多碳少"的工艺缺陷。2002 年，$10 \times 10^4 t/a$ 甲醇装置新增了烟道气回收 CO_2 系统，为解决装置碳源不足、增产甲醇做出了非常重要的贡献。随着 CO_2 气体产出后对装置生产工艺带来的变化，如何利用好宝贵的碳源、采用哪种补加方式能够使装置创造最佳运行效果成为关注点。通过对 CO_2 气体在转化管入口补加及 CO_2 气体在转化管出口补加(即前加或后加)两种生产方式的数据进行统计，对两种方式进行对比分析，取得了较为宝贵的运行数据。

（2）原因分析。

① CO_2 气体补加分为转化炉前补加、转化炉后补加和炉前炉后混合补加三种方式，每种补加方式各有利弊。

② 转化炉前补加方式会因原料量的增加而造成燃料量的增加，增加成本。转化炉后补加方式会使生成物浓度增加，破坏反应平衡，使转化气中残余 CH_4 含量增加。炉前炉后混合补加方式在 CO_2 产量较高时实施效果较为明显，但需要实际运行数据进行效果对比。

（3）采取的措施及结果。

① 通过对 CO_2 三种补加方式的实际运行效果及运行数据的对比发现，转化炉前补加方式对改善转化气气质明显，提升了转化催化剂的运行效率，具体表现为由于反应物中 CO_2 气体含量的增加，打破了转化反应固有的平衡，从而使合成甲醇的主反应气体CO的含量得到了较大提高。

② 在转化反应温度及压力不变的生产条件下，记录转化炉前与转化炉后不同补加 CO_2 方式下的运行数据（表3-2）。

表 3-2 转化炉前与转化炉后不同补加 CO₂ 方式运行数据

补加方式	转化气组成，%				甲醇产量，t/d
	CH_4	CO	CO_2	H_2	
2005 年 6 月 5 日转化炉后补加 CO_2	3.86	12.46	8.18	74.41	336.2
2005 年 6 月 8 日转化炉后补加 CO_2	4.1	13.71	7.93	72.78	336.8
2005 年 6 月 12 日转化炉后补加 CO_2	4.03	12.33	8.03	73.75	339.5
平均值	3.99	12.83	8.03	73.75	337.5
2005 年 6 月 16 日转化炉前补加 CO_2	3.17	13.2	11.99	70.0	360.41
2005 年 6 月 21 日转化炉前补加 CO_2	3.05	13.85	9.92	71.92	368.9
2005 年 6 月 27 日转化炉前补加 CO_2	3.14	13.22	10.24	72.0	368.2
2005 年 6 月 30 日转化炉前补加 CO_2	3.07	14.7	11.31	70.56	366.8
平均值	3.10	13.74	10.86	71.12	366.07

从表 3-2 中可以看出，在同样的工艺条件下，通过转化炉前补加方式加入 $2200m^3/h$ 的 CO_2 气体，转化气中残余 CH_4 含量下降，CO_2 和 CO 含量上升，H_2 含量下降，"氢多碳少"的不利反应条件得到了较大改善，从而使甲醇产量增加。

（4）建议及经验推广。

① 转化炉后补加 CO_2 方式与转化炉前补加 CO_2 方式相比，可节省燃料气总量的消耗，理论上也可以获得合成甲醇较为科学氢碳比的转化气，但通过多次实际运行数据对比发现，转化炉前补加 CO_2 虽然增加了燃料量，但可以实现转化气气质的明显改善，提升了转化催化剂的反应效率。

② CO 在合成催化剂上生成甲醇的选择性明显优于 CO_2，因此合成气中获得较高浓度的 CO 会明显提升合成催化剂的反应效率，减少副反应。转化炉前补加 CO_2 运行方式综合效益明显优于转化炉后补加 CO_2 运行方式。

4. 优化流程实现装置能耗及员工劳动强度下降

（1）事例描述。

$30×10^4t/a$ 甲醇装置二氧化碳单元正常生产时再生塔分离器分离出的胺混合溶液进入地下槽，再由地下槽提升泵送至再生塔内。吸收塔顶循环溶液进入储罐后由洗涤水循环泵继续送至回收塔顶进行循环洗涤工作。但由于实际运行过程中地下槽提升泵出口为手动闸阀控制，经常出现机泵抽空或地下槽满液位现象，不仅造成机泵维修频繁，还给操作员工造成了很大的劳动强度。车间于 2009 年实施流程优化及技术改造，通过在洗涤水循环泵出口与地下槽提升泵出口增加一条 DN50mm 的管道，同时在两台泵总出口管路上新增一台自动控制阀，由洗涤水循环泵取代地下槽提升泵的作用，不仅停运了地下槽提升泵，节省了电耗以及频繁维修的费用，同时极大地降低了操作人员的劳动强度，小改造取得了大效果。

（2）原因分析。

① 地下槽提升泵出口设计无自动控制阀，且距离操作室较远，无法实现便捷、快速调整。

② 地下槽中的回收溶液量随各塔运行情况变化，增加了操作难度，时常造成机泵抽空或满液位，增大设备磨损，增加员工劳动强度。

（3）采取的措施及结果。

① 实施流程优化改造，将各塔分离液引至洗涤液储槽，同时由吸收塔洗涤水循环泵取代地下槽提升泵进行补液，停运地下槽提升泵，节省了机泵的电耗。

② 在洗涤水循环泵出口增加自动控制阀控制及远传液位显示至 DCS 系统，通过调节自动控制阀控制再生塔液位，稳定了洗涤液储槽液位，杜绝了机泵抽空磨损现象。

③ 通过自动控制，大幅降低了操作人员的劳动强度。

5. 30×10⁴t/a甲醇装置二氧化碳单元胺回收加热器热源改造实现优化运行

（1）事例描述。

$30×10^4$t/a 甲醇装置二氧化碳单元胺回收加热器原设计采用动力外供至装置饱和低压蒸汽作为热源。在实际生产中由于该饱和低压蒸汽温度在 140～150℃，而且压力受装置影响较大，不能很好地满足加热器作用的发挥，导致二氧化碳单元胺溶液再生效果差，降解现象严重，CO_2产量持续偏低。而装置引风机透平 C102A 采用中压蒸汽驱动，背压蒸汽并入装置过热低压蒸汽管网，该部分蒸汽压力稳定，温度在 170～180℃（属于过热状态），且现场距离胺回收加热器近，热损失小，更改设计利用该部分过热低压蒸汽可很好地解决胺回收加热器运行效率不佳的问题。2008 年 6 月，经过蒸汽管路的流程改造，顺利实现了改造预期目标，使该项难题得到解决。

（2）原因分析。

① 在实际运行过程中，胺回收加热器热源受装置其他单元用气量的影响较大，不能满足生产需求。

② 饱和蒸汽温度受压力限制，装置低压蒸汽操作压力控制在 0.3MPa 左右，该压力下的饱和蒸汽温度不能很好地满足胺溶液分离降解物实现良好再生的需求。

（3）采取的措施及结果。

① 将引风机透平背压过热蒸汽引至胺回收加热器入口替代原饱和低压蒸汽。

② 胺回收加热器的热源温度由 140～150℃ 提高至

170～180℃，压力得到稳定供给，加热器运行效率得到明显提升。

③ 溶液再生效果实现良性循环，CO_2产量提高 800～1500m³/h，溶液消耗量实现设计水平。

④ 装置的中压蒸气系统和低压蒸汽系统运行得到优化。

图 3-1 为胺回收加热器热源改造流程简图。

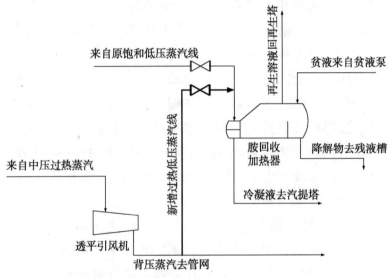

图 3-1　胺回收加热器热源改造流程简图
（加粗为新增部分）

6. 30×10⁴t/a甲醇装置二氧化碳压缩机结垢及带液难题的处理

（1）事例描述。

二氧化碳压缩机自 2006 年投运后一级缸和二级缸结

垢及带液现象严重。特别是进入冬季生产后，由于一级缸出口、二级缸入口管线温差增大，管道内部凝水造成一级缸出口至二级缸入口碳钢管线腐蚀较为严重，造成二级缸结垢严重，压缩机振动增大，机组不能正常运行。再生后的 CO_2 气体实际运行最高温度达到 60℃（设计不大于 40℃）。二氧化碳压缩机虽经专业清洗公司多次清洗，但仍然无法达到设计指标运行（清洗后的再生塔顶气体循环水冷却器 E503 顶部冷却回水达不到满管出水量）。同时还发现 CO_2 精脱硫催化剂结块严重，床层压降增大，对二氧化碳单元及机组的正常运行造成很大影响，从而进一步影响到 $30×10^4 t/a$ 甲醇装置的正常运行。

（2）原因分析。

① 再生气冷却器结构设计存在缺陷，不能有效地降低再生后 CO_2 气体的温度，同时存在设备本体局部易形成结垢的问题，进一步影响换热效果。

② 冬季生产状态下一级缸出口、二级缸入口管线温差增大，管道内易形成内部凝水现象，增加工艺管路及设备的腐蚀。

③ 冷凝液增加，随着压缩气体进入精脱硫催化剂床层，造成对催化剂的浸泡，形成结块，增加床层压降，影响压缩机的正常运行。

④ 压缩机进口和出口流程设计不合理，加剧了压缩机本体及叶轮的结垢现象。

（3）采取的措施及结果。

① 与换热器制造厂家进行技术交流，增加换热级

数，优化换热器结构，改善了换热效果。实际运行再生后 CO_2 气体温度下降至不大于 45℃，气体带液现象得到改善。

② 与设计院沟通，在压缩机一级缸出口、二级缸入口管线之间增加一根跨线，使进口和出口管路温差缩小，通过优化流程，达到减少冷凝液析出的目的，同时优化了压缩机运行工艺流程。

③ 在压缩机一级缸出口气体进入精脱硫槽前新增了一台换热器，采用本装置的低压蒸汽对 CO_2 气体进行加热，使进入精脱硫催化剂的气体始终在饱和温度状态运行，减少了冷凝液的析出，精脱硫催化剂结块现象得到缓解，脱硫效能得到保障，保证了装置的长周期运行。

④ 通过一系列改造及优化，压缩机结垢现象得到了明显改善，$30 \times 10^4 t/a$ 甲醇装置实现了"两年一修"运行。

图 3-2 为压缩机运行工艺流程改造简图。

（4）建议及经验推广。

理念的创新往往是解决实际生产问题的"法宝"。解决一项难题，需要吃透所有影响因素，措施"对症"，难题也就会迎刃而解。

7. 精脱硫方案在 $30 \times 10^4 t/a$ 甲醇装置的成功应用

（1）事例描述。

$30 \times 10^4 t/a$ 甲醇装置自建成投产以来，CO_2 精脱硫催

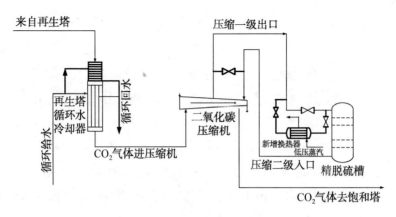

图 3-2　压缩机运行工艺流程改造简图

（加粗为新增部分）

化剂一直存在较严重的粉化和结块现象，导致 CO_2 压缩机一级出口和二级缸入口气流受阻，阻力降增大，压缩机的安全运行受到了较大威胁。为了维持压缩机的正常运行，在压缩机一级缸出口和二级缸入口之间增加了一根跨线来进行缓解。跨线的安装虽然维持了压缩机的正常运行，但 CO_2 气体的脱硫效果却失去了保障，含硫较高的 CO_2 气体进入转化催化剂、合成催化剂后，存在因硫中毒而失去活性的隐患。该问题一直困扰着装置的安全正常运行。2010 年通过更换精脱硫催化剂，同时新增一台 CO_2 气体加热器，增加远传仪表，对工艺管路安装伴热及保温等改造措施后，CO_2 精脱硫催化剂结块、粉化严重的现象得到了有效缓解，同时还解决了 CO_2 压缩机缸体叶轮频繁结垢、清垢维修频繁等问题。

（2）原因分析。

① CO_2 气体中含有较多的饱和水，进入精脱硫催化剂

床层后饱和水的析出是造成催化剂结块、粉化严重的主要原因。

②脱硫催化剂出现结块、粉化现象后，孔隙度减小，造成气流通过受阻，进一步影响压缩机的正常运行。

③由于压缩机的进口和出口管路中一直含有饱和水，与脱硫催化剂接触会在压缩机缸体叶轮上结垢，造成压缩机振动、位移值上升，影响压缩机的长周期运行。

（3）采取的措施及结果。

①更换精脱硫催化剂。

②通过技术论证及选型，在 CO_2 压缩机一段出口进脱硫槽之前新安装一台 CO_2 气体加热器并安装保温，加热介质采用装置内过热低压蒸汽作为热源。

③ CO_2 压缩机一段出口至脱硫槽返回 CO_2 压缩机二段进口管线全线新增伴热及保温，脱硫槽外表面进行保温，通过提高气体温度来减少饱和水的析出。

④在新增换热器进口和出口管线及设备处新增远传热电偶、压力表及双金属盒温度计，并铺设仪表传输电缆至 DCS 控制室，操作人员通过监控温度进行控制。

⑤通过以上一系列改造措施，CO_2 气体由饱和状态变为过热状态，气体中饱和水的析出得到了有效控制，脱硫催化剂结块粉化、结块，压缩机结垢频繁等问题得到了有效解决。

⑥脱硫催化剂性能得到了有效发挥，转化催化剂

和合成催化剂存在的硫中毒现象得到了有效控制。

8. 30×10⁴t/a甲醇装置二氧化碳单元烟气洗涤塔出口防堵措施的应用

（1）事例描述。

$30×10^4t/a$甲醇装置二氧化碳单元烟气洗涤塔的作用是将转化炉产生的烟气进行洗涤、降温，并通过 CO_2 风机送入吸收塔，回收烟气中的 CO_2 气体，作为装置转化炉原料补碳，弥补天然气合成甲醇原料"氢多碳少"的不足，实现转化气气质优化、增产甲醇、降低天然气消耗的目标。

在实际运行过程中，洗涤塔底出口进入洗涤水泵入口管线经常出现堵塞。堵塞的主要原因是洗涤塔内的瓷质鲍尔环在装填、运行过程中易出现破碎，烟气洗涤后的泥沙等杂物掉落到塔底的入口管线内，造成洗涤塔底水循环泵入口堵塞或进入底水循环泵，进而导致机泵叶轮磨损严重，处理能力严重下降。严重时须停运二氧化碳单元进行清堵、维修。在二氧化碳单元停运期间，装置甲醇产量每天下降 150~180t，对装置能耗也造成较大影响。

（2）原因分析。

① 洗涤塔底部出水口设计未考虑防堵措施。

② 洗涤塔内采用的瓷质鲍尔环在运行过程中受挤压、温变的影响及在装填过程中容易破碎，随塔顶来的洗涤水进入塔底堵塞底部管线或进入机泵腔体。

③ 烟气在水洗过程中产生的泥沙、杂质及生物黏泥堵塞底部管道，造成机泵运行效率下降。

（3）采取的措施及结果。

① 在洗涤塔底出口管线上端加装 50cm 高的管道，并环管道钻出直径为 6mm 左右的孔洞，以达到过滤破碎、散落瓷质鲍尔环的作用。

② 在洗涤塔底洗涤水入口顶部加装伞帽，将顶部掉落鲍尔环及其他杂质挡在塔底管线外，从而进一步提高防堵效率。该措施既不会影响洗涤塔的正常运行，又解决了塔底管线容易堵塞的问题。

③ 在洗涤塔底部与机泵入口之间的管道过滤器中下部管壁上开洞，采用盲盖封堵并安装闸阀，便于在装置正常运行过程中进行冲洗防堵。

图 3-3 为洗涤塔改造工艺简图。

（4）建议及经验推广。

① 增加洗涤塔底部入口管线高度，配合安装伞冒的使用可有效防止瓷质鲍尔环掉落至管路内，采用在增高管路外壁开孔可保证流体顺利进入机泵，防止杂质、碎瓷片对管路造成堵塞。

② 在原管道过滤器管外壁开孔，安装闸阀及盲盖，在过滤器杂质逐渐增多、流体出现减小情况下，可实现切泵后对过滤器的冲洗疏通，保证装置的长周期运行。

③ 以上措施的综合配套使用，彻底解决了洗涤水泵的频繁堵塞现象，大幅提升了机泵的运行效率。

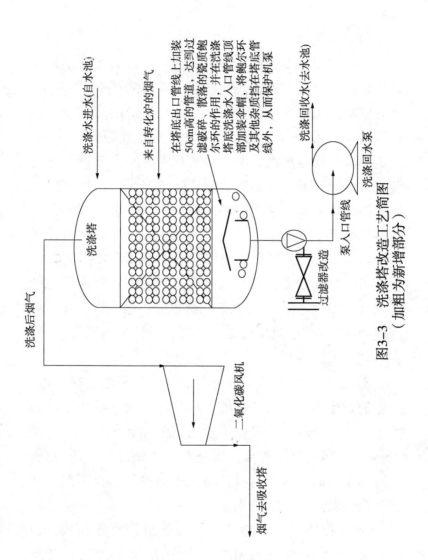

图3-3 洗涤塔改造工艺简图
（加粗为新增部分）

9. 低压蒸汽管网压力和温度对压缩机组及热能使用的影响

（1）事例描述。

2009 年 3 月，$30×10^4t/a$ 甲醇装置二氧化碳单元压缩机组持续出现转速无规律波动 $100\sim150r/min$ 的现象，该现象对二氧化碳单元及转化单元均造成一定波动，检查压缩机组透平及其运行等均无异常。经车间讨论后，决定尝试将低压蒸汽管网压力从 0.45MPa 逐步降低进行效果验证。随着低压蒸汽管网压力逐步下降，压缩机组转速波动现象呈现逐步平稳的趋势，汽轮机调速阀开度逐步关小至 72% 左右，透平蒸汽用量从 33t/h 左右逐步下降至 26t/h。二氧化碳单元逐步开大再沸器入口阀，保证再生塔温度在正常范围内。当低压蒸汽管网压力稳定在 0.32MPa 左右后，二氧化碳单元压缩机组转速不规律波动的现象得到解决，CO_2 产量也较调整前平稳。

（2）原因分析。

① 二氧化碳单元压缩机组采用中压蒸汽透平驱动，产生的背压蒸汽并入装置的低压蒸汽管网。透平做功后产生的背压蒸汽压力高低影响透平运行效率的高低。

② 饱和蒸汽压力与温度呈对应关系，蒸汽压力高，对应的温度高，进入再沸器蒸汽换热设备后，蒸汽流速快，汽化潜热不易被利用。

③ 气相转变为液相才能将潜热得到有效释放，而温度较高的低压蒸汽与温度较低的低压蒸汽相比，更难释放热量和发生相变，因此更容易形成气阻，不利于热

量吸收。

（3）采取的措施及结果。

① 将低压蒸汽管网压力从 0.45MPa 降低至 0.32MPa，使压缩机透平做功效率得到更好的发挥。不仅解决了压缩机组转速不稳定的现象，同时有效提高了中压蒸汽的利用效率。

② 通过降低低压蒸汽管网的压力和温度，使低压蒸汽相变潜热得到充分利用，消除了气阻现象，更好地满足于生产。

（4）建议及经验推广。

① 蒸汽进入再沸器后，过热蒸汽温度首先降至饱和温度，再在恒定的饱和温度下释放出汽化潜热。虽然过热蒸汽温度高于饱和状态，具有比饱和蒸汽更高的温度，但这部分高出的温度与汽化潜热释放的热量相比非常不经济，热量转化效果差。

② 过热蒸汽的使用对设备材质要求高，设备制造厂商由于材料成本及经济性等角度考虑，不会增加再沸器的使用面积、制造体积等成本来充分使用过热的蒸汽潜热。因此，在实际生产中对能耗造成浪费。

③ 根据实际经验，蒸汽过热度每增加 2℃，则换热器需增加 1% 的换热面积。一般不推荐使用过热度超过 10℃ 的过热蒸汽，主要是因为换热面积可能不足以及经济性差。因此，在炼油化工装置操作过程中，各级人员应关注蒸汽的用途，如果作为热量回收，一定要注意蒸汽过热度这项指标。

10. 胺回收加热器单向阀故障对二氧化碳单元的影响

（1）事例描述。

$30×10^4t/a$ 甲醇装置二氧化碳单元于 2011 年 8 月持续出现再生塔液位波动大、胺回收加热器液位不易控制、CO_2 产量下降、溶液降解现象逐步严重等现象。围绕二氧化碳单元运行中暴露出的问题，车间经过多种调节措施及分析，通过停运、重新投用胺回收加热器等手段，最终判定胺回收加热器气相出口单向阀出现了开启异常、阀片易卡等故障。由于胺回收加热器出口单向阀后设计无切断闸阀，因此采取了停胺回收加热器的措施缓解再生塔液位大幅波动的现象。运行约半个月后，由于 CO_2 产量低，CO_2 压缩机一段防喘振阀打开不及时造成了压缩机停车。二氧化碳单元停运后，在胺回收加热器气相出口单向阀后加装了不锈钢闸阀，从而实现了在单向阀出现故障后只需要临时停运加热器，不停运二氧化碳单元整个系统就可以维修单向阀的目标，降低了单向阀出现故障后的维修难度，极大地避免了二氧化碳工段意外停车现象的发生。

（2）原因分析。

① 单向阀故障阀板无法打开，造成胺回收加热器蒸发气相无法进入再生塔，导致加热器憋压，影响加热器液位及工作效率。

② 单向阀故障阀板无法打开造成憋压后，再生塔贫液进入加热器流量变小，气相进入再生塔受限。阀板

突然打开后造成大量溶液进入再生塔，导致再生塔液位波动。

③ 单向阀故障使加热器液位不稳，回收气相无法顺利进入再生塔，降解物得不到有效分离，导致系统溶液降解现象不断加剧，CO_2产量不断下降。

④ 单向阀与再生塔之间原设计无切断闸阀，单向阀出现故障需要维修时必须要停再生塔方可实现，维修代价高，程序复杂。

（3）采取的措施及结果。

① 二氧化碳单元停运期间，在加热器出口单向阀与再生塔之间安装一只不锈钢闸阀。当单向阀出现故障时，只需要关闭闸阀就可以进行维修，方便快捷。

② 通过加热器出口至单向阀之间安装的现场压力表，可以及时判断单向阀是否运行正常。稳定加热器运行压力就可以实行稳定胺回收加热器的液位和温度，从而使系统胺循环溶液再生与降解产物很好地分离，降解物分离彻底，系统溶液运行效率高，CO_2产量高。

③ 单向阀运行正常后，系统溶液降解现象得到有效遏制，再生塔液位和加热器液位稳定。

（4）建议及经验推广。

① 胺回收加热器运行效率好坏决定着整个二氧化碳单元运行效率的高低，决定着溶液消耗量、CO_2产量、溶液降解情况等多项指标的高低，作用非常关键。

② 如果胺回收加热器运行效率高，二氧化碳单元系统溶液在降解非常严重的情况下，溶液再生只需要

10～15天就会明显好转。

③ 胺回收加热器运行效率的高低可以通过加热器入口贫液流量控制阀开度进行判断，控制阀开度大，系统溶液再生效率高；控制阀开度小，系统溶液再生效率低，应及时进行降解物排放及清洗。

④ 胺回收加热器底部温度控制很关键(应控制在150℃)，温度达到排放控制范围时，应及时排放降解物，否则易造成降解物结焦不易排出导致加热器效率下降。未达到排放温度就进行排放也会造成系统有效溶液浪费。

11. 二氧化碳单元溶液出现泡沫多异常现象的处理

（1）事例描述。

2016年9月，30×10^4t/a甲醇装置在开工过程中，二氧化碳单元配入胺溶液建立循环后发现溶液出现泡沫非常多的现象。大量的泡沫导致现场液位计无法判别真实液位，远传液位显示出现异常。运行过程中出现因吸收塔假液位造成溶液倒灌入风机，造成风机载荷增加，对设备安全运行构成威胁的问题。各塔泡沫现象严重导致二氧化碳单元一直无法引入烟气投运，通过与溶液供应厂家联系反映问题、采购消泡剂加注等方式，该现象没有得到好转。

（2）原因分析。

① 为节省生产原材料，二氧化碳单元配溶液时不仅加注了新购厂家的溶液，同时还加注了部分前期剩余的过期溶液。

② 对不同溶液装瓶手动摇晃结果显示，过期溶液晃动后产生的泡沫量大，将消泡剂加入过期溶液中摇晃泡沫无法消除，而新购溶液没有泡沫产生。说明过期的剩余溶液是造成系统溶液出现大量泡沫的主要原因，而且消泡剂加注后无法消除泡沫现象。

③ 二氧化碳单元长期停运，再次投运前应进行碱液清洗及钝化程序，否则也会造成系统产生泡沫。

（3）采取的措施及结果。

① 停止过期胺溶液在二氧化碳单元的加注工作，继续向系统加注消泡剂。

② 在各塔外部现场液位计处接临时透明塑料管替代液位计的显示作用。

③ 启动吸收塔底富液泵建立二氧化碳单元溶液循环，溶液循环也是对系统进行碱液钝化的过程。

④ 通过一个月的循环钝化，系统溶液大量产生泡沫现象逐步改善，各塔现场及远传液位显示正常。

⑤ 再生塔引入蒸汽升温，引入转化炉烟气，CO_2 气体产出。后通过提高系统溶液浓度，系统运行逐步正常。

（4）建议及经验推广。

① 二氧化碳单元的溶液降解、腐蚀及泡沫产生的机理是非常复杂的，实际操作中应严格按照规范执行。

② 各厂家研发生产的吸收溶液成分配方不同，在生产中应尽量采用单一溶液运行，避免不同溶液之间产生的反应对装置带来的影响。特别是对于过期失效溶液，

应坚决杜绝使用。

③ 当实际生产中遇到较为复杂的问题时，往往采用简单的试验方法就可以找到问题产生的原因，为问题的解决提供指导。

12. 蒸汽温度变化对压缩机组运行带来的影响

（1）事例描述。

2016 年 10 月，$30×10^4$t/a 甲醇装置二氧化碳单元压缩机组持续出现转速 2000~2500r/min 的周期性波动现象。该现象造成二氧化碳单元再生塔压力波动，CO_2产量下降，压缩机组高压缸和低压缸防喘振阀始终控制较大开度，对压缩机组及装置的平稳运行造成了较大影响。再生塔运行不稳定会对压缩机组造成波动，压缩机组运行不稳也会反过来影响再生塔压力及产量。车间为此展开了设备和工艺专业问题原因的同时查找，经过对影响因素的排查，最终确定是管网中压蒸汽温度的波动对压缩机组透平转速造成影响。通过提高稳定装置中压蒸汽温度，该问题得到解决。

（2）原因分析。

① 提供给 $30×10^4$t/a 甲醇装置二氧化碳单元压缩机组透平动力的是装置内的过热中压蒸汽，工艺卡片规定控制压力 2.2~2.4MPa，但对温度没有进行控制。该过热中压蒸汽温度在波动前基本控制在 350~360℃。

② 在压缩机出现波动期间，过热中压蒸汽的温度为 320~340℃。

③ 二氧化碳单元压缩机组透平现场偶见透平外壳顶部高排处液体流出现象，说明进入透平前的蒸汽温度偏低。

（3）采取的措施及结果。

① 逐步关小过热中压蒸汽管网的减温水，将过热中压蒸汽温度从 320~340℃提高到 380~390℃。

② 规定过热中压蒸汽管网温度指标在 380~390℃进行控制。

③ 提高蒸汽温度后，二氧化碳单元压缩机组转速波动现象明显好转。通过逐步关小高压缸和低压缸防喘振阀，二氧化碳单元压缩机组持续波动现象得到解决。

（4）建议及经验推广。

① 以透平驱动的压缩机组对蒸汽温度有着较高的要求，温度的变化对透平的运行影响较大。

② 由于 30×10^4 t/a 甲醇装置过热中压蒸汽管网有减温脱盐水流程的设计，减温脱盐水量的控制对蒸汽品质有着较大影响。运行过程中微量饱和水的析出就会对透平运行造成较大影响，导致透平转速不稳定、声音异常，严重时可能对透平造成损害。

13. 30×10^4 t/a甲醇装置蒸汽冷凝液的优化利用

（1）事例描述。

30×10^4 t/a 甲醇装置所有产汽汽包使用的是动力车间提供的二级脱盐水，产生的高压蒸汽和中压蒸汽供装置压缩机及机泵透平使用，因此降焓使用后产生的蒸汽冷凝液为品质较高的可用水源，设计送动力车间回收处理后使用。$10×10^4t/a$ 甲醇装置汽包使用的是动力车间提供的一级脱盐水，$30×10^4t/a$ 甲醇装置产生的蒸汽冷凝液经化验分析各项指标均能满足 $10×10^4t/a$ 甲醇装置锅炉给水要求。2011 年 7 月，通过改造将 $30×10^4t/a$ 甲醇装置外送至动力车间的冷凝液经蒸汽冷凝液给水泵 P1201 引至 $10×10^4t/a$ 甲醇装置脱盐水预热器 E104 前，$10×10^4t/a$ 甲醇装置外用脱盐水用量由 75t/h 下降到 45t/h（减少 30t/h），E104 出口温度有所上升，但能够稳定在 105℃ 左右。$30×10^4t/a$ 甲醇装置冷凝液得到了很好的利用，不仅降低了全厂的水处理费用，同时极大地降低了 $10×10^4t/a$ 甲醇装置外用脱盐水量，节能效果明显。2014 年，$30×10^4t/a$ 甲醇装置又将部分冷凝液代替脱盐水使用在二氧化碳单元、转化单元、合成单元加药槽内，从而进一步提高了冷凝液的使用效率，创效显著。

（2）原因分析。

① $30×10^4t/a$ 甲醇装置汽包使用的为二级脱盐水，经取热后冷凝的水没有重要污染环节，品质较好，但设计须送到厂动力车间进行二次处理，增加了水处理成本。

② $10×10^4t/a$ 甲醇装置汽包使用的为一级脱盐水，$30×10^4t/a$ 甲醇装置汽包使用的为二级脱盐水，产生的冷凝液品质可以满足 $10×10^4t/a$ 甲醇装置使用，两套装置资源结合可实现优势互补，降本增效。

③ $30×10^4t/a$ 甲醇装置二氧化碳吸收塔补液、转化

单元加药槽、合成单元加药槽设计用水均采用二级脱盐水，将产生的冷凝液通过改造代替脱盐水使用，既可以满足生产需要（在转化及合成单元中使用效果优于脱盐水），还可以提高冷凝液的使用品质，降低厂水处理成本，降本意义显著。

（3）采取的措施及结果。

① 通过流程改造，将 30×10^4 t/a 甲醇装置蒸汽冷凝液引至 10×10^4 t/a 甲醇装置 E104 前进入除氧间除氧后使用，E104 温度可以控制在设计范围内，10×10^4 t/a 甲醇装置外用脱盐水量降低约 600t/d，年创经济效益 190 万元以上。

② 将 30×10^4 t/a 甲醇装置二氧化碳吸收塔补液、转化单元加药槽、合成单元加药槽设计采用的脱盐水由蒸汽冷凝液代替，蒸汽冷凝液在加药系统中的使用效果优于脱盐水，而且每天可节约二级脱盐水 60～70m^3，每年按运行 90 天计算，年创经济效益 6 万元以上。

③ 两项技术改造提高了 30×10^4 t/a 甲醇装置蒸汽冷凝液的使用品质，大幅降低了 30×10^4 t/a 甲醇装置蒸汽冷凝液原设计送至水处理站成本，实现了两套甲醇装置蒸汽冷凝液资源的优势互补，改造意义重大。

图 3-4 为 30×10^4 t/a 甲醇装置蒸汽冷凝液的优化利用工艺改造简图。

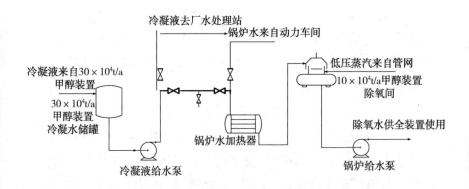

图 3-4　30×10⁴t/a 甲醇装置蒸汽冷凝液的优化利用工艺改造简图
（加粗为新增部分）

14. 对 30×10⁴t/a 甲醇装置二氧化碳单元洗涤液储槽闪爆事件的思考

（1）事例描述。

2008 年 10 月 16 日 14：25，30×10⁴t/a 甲醇装置二氧化碳单元洗涤液储槽突然发生闪爆。闪爆瞬间的能量造成罐顶向北飞落至 8m 外的地面，与罐顶相连的气相排放管线撕裂。事故没有造成人员伤亡。事故发生后，经过化验室对罐内残留气体的成分分析，显示烟气内有少量的 CO 气体，无其他可燃气体成分。

（2）原因分析。

① 洗涤水经胺溶液洗涤回收泵 P502 送至吸收塔顶洗涤回收部分溶液后返至洗涤液储罐，在回收溶液时也会将部分烟气带入储罐，该部分气体中含有少量的可燃气体 CO、CH₄ 等。

② 随洗涤液带入储罐的含有部分可燃性气体的烟气在储罐内释放后需要从罐顶 DN50mm 的排放口进行排放。

③ 该排放口在发生闪爆时阀门只有约 1/3 的开度，开度小，大量释放气体排放受到了阻碍，在阀门排放口处因流速大而产生静电。

④ 烟气中含有的CO等可燃性气体遇静电突然发生闪爆事件。

（3）采取的措施及结果。

① 修复罐顶及相连管路。

② 取消罐顶气体排放口的控制阀门，让排放气体在没有限流的情况下从罐顶释放。

（4）建议及经验推广。

① 保证转化炉燃烧良好，防止烧嘴二次配风量不佳造成燃烧不完全形成的CO或其他可燃气体随烟气进入吸收塔。

② $30\times10^4t/a$ 甲醇装置烧嘴为混烧结构，当燃料气组分发生改变时，应及时调整配风及燃烧状况，保证各烧嘴燃烧状况良好。

第四章

变压吸附及氢回收工序

一、技术问答

1. 10×10⁴t/a甲醇装置变压吸附工序的作用及原理是什么?

答: 变压吸附 (Pressure Swing Adsorption, 简称 PSA)是一种气体分离净化技术。该技术具有工艺简单、能耗低、产品纯度高、吸附剂使用寿命长、使用条件广泛等特点, 广泛适用于焦炉煤气、甲醇尾气、炼厂气或油田伴生气等的处理。

$10×10^4$t/a甲醇装置变压吸附为纯物理吸附过程。转化气在一定压力下通过吸附剂床层, 相对于 H_2 的高沸点杂质组分被吸附在吸附剂上, 低沸点组分的 H_2 不易被吸附而顺利通过吸附剂床层, 达到 H_2 和杂质组分分离的目的。然后在减压下解吸出被吸附在吸附剂上的杂质组分使吸附剂获得再生, 以利于下一次进行吸附分离杂质过程。这种在一定压力下吸附杂质提纯 H_2、减压下解吸杂质使吸附剂获得再生的循环过程就是变压吸附, 通过减压反向解吸获得的气体称为解吸气。

以天然气为原料生产甲醇的工艺均存在"氢多碳少"不科学计量比的缺陷。$10×10^4$t/a甲醇装置设计了变压吸附单元, 其目的就是将部分转化气引入变压吸附单元, 将转化气中 70%左右的 H_2 分离出来, 将吸附在吸附剂上的 CO、CO_2、CH_4 等解吸气作为原料气补充进转化系统用于增加原料中的碳，调整合成甲醇原料的氢碳比。

2. $30×10^4$ t/a 甲醇装置氢回收单元的作用及原理是什么？

答：氢回收膜分离技术利用一种高分子聚合物薄膜来选择性过滤进料气而达到分离的目的。当两种或两种以上的气体混合物通过聚合物薄膜时，气体组分在聚合物中溶解扩散系数的差异导致其渗透通过膜壁的速率不同。混合气体在膜两侧相应组分分压压差的作用下，渗透速率较快的气体优先透过膜壁在低压渗透侧富集，而渗透速率较慢的气体则在高压滞留侧富集。快速通过的气体称为快气，也叫渗透气，如 H_2；渗透速率较慢的气体称为慢气，也叫非渗透气，如 N_2、CH_4 等。膜的分离选择性（各气体组分渗透量的差异）、膜面积和膜两侧的分压差构成了膜的分离三要素。其中，膜的分离选择性取决于制造商选用的膜材料及制备工艺，是决定膜分离系统性能的关键因素。

$30×10^4$ t/a 甲醇装置采用转化炉烟道气回收 CO_2 补入转化系统，转化气氢碳比低于科学计量比 2.05~2.15。为了调整转化气氢碳比，将合成单元驰放气引入氢回收系统，通过膜分离的作用分离出 H_2，H_2 补充至转化气混合调整氢碳比后进入合成工段，CO、CO_2 和 CH_4 等气体则作为燃料补充至转化炉燃料气系统。实现调整转化气氢碳比、合理使用驰放气的目的。

3. 氢回收工艺和变压吸附工艺的主要特点是什么？

答：氢回收工艺操作相对于变压吸附工艺更为简单。氢回收工艺产品 H_2 纯度相对较低，变压吸附工艺产品 H_2 的纯度高，一般能达到 99.9%。氢回收工艺占地面积小，设备设施相对变压吸附工艺简单。氢回收工艺操作中要注意水、甲醇等对聚合物薄膜的危害，同时对原料气温度也有较为严格的要求。变压吸附工艺采用的吸附剂对处理原料没有特殊要求，吸附剂使用寿命较长。变压吸附的弱点是产品回收率较其他工艺低，但随着吸附剂床层空间气体利用研发不断取得进展，变压吸附工艺的产品回收率也在不断得到提高。

4. 什么是化学吸附？

答：化学吸附即吸附过程中伴有化学反应的吸附。在化学吸附中，吸附质分子和吸附剂表面将发生化学反应生成表面络合物，其吸附热接近化学反应热。化学吸附是单层吸附，并有很强的选择性。化学吸附需要有一定的活化能才能进行，通常情况下，化学吸附和解吸比物理吸附和解吸慢，达到吸附平衡需要较长的时间。两种吸附可能同时发生，物理吸附不改变物质本身，化学吸附会导致物质改变，如石灰石吸附氯气、沸石吸附乙烯等。

5. 什么是物理吸附?

答:物理吸附也称范德华吸附。由于范德华力存在于任何两分子之间,因此物理吸附可以发生在任何固体表面。吸附质分子和吸附剂表面分子与其内部分子不同,存在剩余的表面自由力场,当气体分子碰到固体表面时,其中一部分就被吸附,并释放出吸附热。在被吸附的分子中,只有当其热运动的动能足以克服吸附剂引力场的位垒时才能重新回到气相,因此在与气体接触的固体表面上总是保留着许多被吸附的分子。由分子间的引力所引起的吸附,吸附热较低,接近吸附质的汽化热或冷凝热,吸附和解吸速度较快,因此物理吸附是可逆的。物理吸附可以是单层吸附,也可以是多层吸附,被吸附的气体很容易解脱出来而不发生性质上的变化,如活性炭对许多气体的吸附。

6. 吸附剂的种类有哪些?

答:工业上常用的吸附剂有硅胶、活性氧化铝、活性炭、分子筛和碳分子筛等。此外,还有针对某种组分选择性吸附而研制的特殊吸附材料。

7. 吸附剂的物理性质有哪些?

答:吸附剂的物理性质有以下类别:

(1)孔容:吸附剂中微孔的体积称为孔容,通常以单位质量吸附剂中微孔的体积来表示。孔容是吸附剂的有效体积，孔容越大越好。

（2）比表面积：即单位质量吸附剂所具有的表面积，常用单位是 m^2/g。

（3）孔径与孔径分布：在吸附剂内，孔的形状极不规则，孔隙大小也各不相同。孔有粗孔和细孔之分，细孔越多则孔容越大，比表面积也越大，有利于吸附质的吸附。

（4）表观密度：吸附剂颗粒的本身质量与其所占有的体积之比。

（5）真实密度：又称真密度或吸附剂固体的密度，即吸附剂颗粒的质量与固体骨架的体积之比。

（6）堆积密度：又称填充密度，即单位容器体积内所填充的吸附剂质量。该体积中还包括吸附剂颗粒之间的空隙，堆积密度是计算吸附床容积的重要参数。

（7）孔隙率：吸附剂颗粒内的孔体积与颗粒体积之比。

（8）空隙率：吸附剂颗粒之间的空隙与整个吸附剂堆积体积之比。

部分吸附剂的物理性质见表4-1。

表4-1　部分吸附剂物理性质

项目	硅胶	活性氧化铝	活性炭	沸石分子筛
真实密度，g/cm^3	2.1~2.3	3.0~3.3	1.9~2.2	2.0~2.5
表观密度，g/cm^3	0.7~1.3	0.8~1.9	0.7~1.0	0.9~1.3
堆积密度，g/cm^3	0.45~0.85	0.49~1.0	0.35~0.55	0.6~0.75

续表

项目	硅胶	活性氧化铝	活性炭	沸石分子筛
空隙率	0.4~0.5	0.4~0.5	0.33~0.55	0.30~0.40
比表面积，m^2/g	300~800	95~350	500~1300	400~750
孔容，cm^3/g	0.3~1.2	0.3~0.8	0.5~1.4	0.4~0.6
平均孔径，$10^{-7}m$	10~140	40~120	20~50	—

8. 吸附剂再生的意义和方法是什么？

答：吸附剂的再生程度决定产品的纯度，吸附剂再生彻底，才能更好实现吸附剂周期吸附能力。吸附剂的再生时间决定了吸附循环周期的长短，也决定了吸附剂的用量。因此，选择合适的再生方法对变压吸附工艺非常重要。

按吸附剂的再生方法可将吸附、分离的循环过程分为变温吸附和变压吸附。变温吸附是在较低的温度下进行吸附，升高温度将吸附的组分解吸出来。变压吸附是在加压条件下进行吸附，减压下进行解吸。变压吸附工艺常用的减压解吸方法有以下几种，其目的都是降低吸附剂上被吸附组分的分压，使吸附剂得到再生。

（1）降压：通常减压至接近大气压，该方法操作简单，但吸附质解吸不充分，吸附剂再生程度不高。

（2）抽真空：吸附床层压力降至大气压以下，通过抽真空可以得到更好的再生效果，但由于要增加设备，动力消耗增加。

（3）冲洗：利用弱吸附组分或者其他气体通过需要

再生的吸附床，被吸附组分的分压随冲洗气的通过而下降，从而达到吸附剂再生的目的。再生效果取决于冲洗气量和纯度。

（4）置换：用一种吸附能力强的气体将被吸附组分从吸附剂中置换出来。这种方法常用于产品组分吸附性强而杂质组分吸附性弱的环境。

在变压吸附工艺中，采用何种再生方法要根据混合气体原料的性质和产品要求而定，通常是几种再生方法一起配合使用。

9. 影响变压吸附氢气收率的因素有哪些？

答：影响变压吸附氢气收率的因素如下：

（1）原料气组成及吸附剂配比。每套变压吸附装置都要依据原料气组成进行科学的吸附剂配比。变压吸附分离技术的核心在吸附剂，性能优良的吸附剂会按照原料组成进行科学配比。然后选择最优的程序控制，就能很好地提高 H_2 收率，延长吸附剂使用寿命。

（2）设计自动控制程序。变压吸附都采用自动程序控制，都有解吸过程，而解吸再生过程均使用 H_2 作为冲洗气。因此，程序控制均压次数、均压时间、解吸时间、冲洗时间等都是影响 H_2 收率的因素。以上步骤时间短，H_2 使用量就会减少，H_2 收率就会得到提高。

（3）吸附压力。原料气中杂质的吸附量会随着吸附压力的升高而变大。压力高有利于产品 H_2 纯度的提升，但同时也会影响 H_2 收率。

（4）吸附时间。在原料气压力、流量等参数稳定的情况下，吸附时间是影响 H_2 收率的重要因素。吸附时间长，单位时间内就会减少吸附剂的再生次数，H_2 量浪费少，收率则会提高。但同时也会造成吸附杂质多，吸附剂再生不彻底，对下一过程的吸附和产品纯度造成影响。

（5）程序控制阀。程序控制阀是执行变压吸附工艺过程的重要组成部分。程序控制阀按程序执行每个步骤，不出现卡涩、内漏等故障才能保证吸附质量。程序控制阀内漏磨损是目前变压吸附工艺存在的较为普遍的现象。程序控制阀出现内漏，将会导致产品 H_2 纯度下降，吸附、均压、解吸等步骤预期效率下降，影响变压吸附装置的正常运行。

（6）解吸压力。吸附剂解吸效果好坏关系着吸附剂再生效果好坏。解吸效果好，吸附剂再生彻底，H_2 纯度和收率就会得到保证。解吸时间长，压力低，H_2 收率就会下降；解吸时间短，压力高，H_2 收率就会上升。因此，解吸时间和解吸压力应统一考虑，严格控制。

10. 提高氢气收率的方法有哪些？

答：提高氢气收率的方法如下：

（1）提高原料气进气品质。原料气进气杂质含量的有效控制以及原料气的压力、流量都会对 H_2 收率造成影响。原料气进气杂质过多会导致吸附剂失活；原料气的压力、流量保持稳定会提高变压吸附运行效率，提高 H_2 收率。

（2）改善工艺流程。适宜的均压次数不仅能保证产品 H_2 的纯度，还能保证 H_2 的收率。吸附压力越高，均压次数越多，浪费的 H_2 增多。工艺上应适当增加冲洗流程，延长冲洗时间，确保吸附剂得到彻底再生。但冲洗时间过长会导致均压后吸附塔顺放压降太大，造成吸附剂床层杂质穿透，反而不利于冲洗和收率。变压吸附制氢工艺应尽量选用真空流程，改变程序控制的均压次数，可大幅提高变压吸附运行效率，提高 H_2 收率。

（3）稳定吸附压力。针对不同的生产工艺，应选择适宜的吸附压力。一般吸附压力控制在 0.8 ~ 2.5MPa 之间。

（4）延长吸附时间。在保证产品 H_2 杂质不超标的前提下，应尽量延长吸附时间，增加吸附的循环周期可以有效提高 H_2 收率。

（5）加强对程序控制阀运行情况的监控，程序控制阀出现内漏后，可以通过吸附、压力均升、压力均降等步骤发现程序控制阀的故障。出现内漏及运行不正常的程序控制阀应及时切换维修，确保变压吸附工况的稳定正常。

11. 变压吸附的技术应用方法有哪些，效果如何？

答： 变压吸附制氢工艺的吸附压力一般在 0.8 ~ 2.5MPa 之间，早期变压吸附技术采用一个塔吸附、另一个塔再生的两塔分离工艺，每隔一段时间再相互交替使用。该工艺存在塔内气体随降压而损失，无法有效解决吸附结束后残留在吸附剂床层内的产品组分的回收问题，吸附压力越高，损失越大。为了提高 H_2 回收率，除了不断研发优良的吸附剂、改善操作条件，还需要不断改进工艺技术。多塔变压吸附工艺逐渐得到开发使用，该工艺根据吸附特性将吸附时间控制在穿透点之前结束，在吸附床出口端一部分吸附剂尚未利用的情况下，将该吸附床与其他一个已完成解吸并等待升压的吸附塔连通，两塔压力进行均衡（称为均压）。该种工艺既回收了有用组分，又利用了吸附剂能量。一般来说，均压次数多，H_2 收率就会增加。目前，工业上变压吸附技术工艺根据规模和处理量已经普遍使用 4 塔、5 塔、8 塔和10 塔等。

12. 变压吸附的主要工作步骤有哪些，其作用是什么？

答：10×10^4 t/a 甲醇装置变压吸附工段采用程序自动控制，通过自动控制阀完成设定程序。自动控制阀以"KV60XX"标注，自动控制阀中 1 阀表示原料进口阀，2 阀表示产品出口阀，3 阀表示逆向放压阀，4 阀表示顺向放压、第二次均压、第三次均压阀，5 阀表示第一次均压、最终升压阀，6 阀表示冲洗阀。

变压吸附过程主要分为以下步骤：

（1）吸附：吸附就是混合气体在某个塔进行的自下而上的在吸附剂上进行组分分离的过程。

（2）均压：吸附步骤完成后停止原料进气，然后与其他已完成再生过程的吸附塔进行均压，高压吸附塔向低压吸附塔冲压，为下一步骤做准备。

（3）顺向放压：完成吸附的塔在完成均压后继续降压进行顺向放压，用于已经完成逆向放压需要进行冲洗，压力已降到最低的吸附塔。

（4）逆向放压：完成顺向放压时的吸附塔吸附剂已经全部吸附了杂质，于是将塔内剩余气体从入口端排出，降到过程的最低压力（一般为大气压）。在此步骤中，床内吸附的杂质由于压力下降而得到释放，此过程称为逆向放压。

（5）冲洗：正在进行顺向放压的吸附塔，通过 H_2 对压力最低的吸附塔自上而下进行冲洗以进一步降低杂质分压，清除残留于床内的杂质。

（6）均压升：完成冲洗后的吸附塔已基本完成吸附剂的再生，此时就要为再次吸附做准备，在此利用需要均压降的吸附塔内气体进行冲压，压力一般能达到吸附压力的一半。

（7）最终升压：将吸附塔在吸附步骤前的压力升到最高压力（即吸附压力）。至此吸附塔就完成了一个吸附—再生全过程，并将重新开始下一轮循环。

13. 氢回收单元的操作注意事项有哪些？

答：氢回收单元的操作注意事项如下：

（1）原料中甲醇含量应低于 1000mg/L，无液态游离水，否则会对膜棒造成损坏。

（2）膜棒投用要遵循"先升温、后升压"的原则。在对膜分离器进行升压之前，必须先将其温度升至 55℃ 左右。

（3）膜分离器严禁出现反压（即渗透气压力高于原料气压力），出现异常情况时先关闭原料气阀，再关闭非渗透气阀，最后关闭渗透气阀。正确的操作可以有效避免反压现象。

（4）原料气和渗透气压差严格按照膜材料要求执行，不得过大。运行中应防止压力突变或反压对膜芯造成损害。

（5）膜分离器内的膜丝一般都不耐高温，膜分离器进料温度应小于 80℃。

（6）开车与停车过程中升压与降压必须缓慢操作。严禁压力突升或突降，气流速度过大会对纤维膜造成损坏。

二、典型事例剖析

1. $10×10^4$ t/a 甲醇装置变压吸附工段程序控制阀及自动控制阀突然关闭的原因及处理

（1）事例描述。

2017 年 5 月，$10×10^4$ t/a 甲醇装置变压吸附工段在运行过程中所有画面参数指示突然故障，呈现出"⊠"的显示模式。程序控制阀当时均处于手动状态，因此所有阀位开关状态没有发生改变，解吸气作为燃料使用正常，解吸气送至往复式压缩机用于原料生产稳定，变压吸附工段保持正常运行。车间联系仪表人员进行检查处理，在检查处理过程中，变压吸附工段所有程序控制阀突然出现自行关闭，造成送往转化工段的燃料切断，送至往复式压缩机的原料切断，压缩机抽空。6台吸附塔压力快速上升，操作人员通过 DCS 快速打开自动控制阀进行泄压，却发现所有自动控制阀阀位已被限制，无法进行操作。岗位外操立即赶到现场，打开泄压阀对吸附塔采取紧急泄压措施进行处理，对装置的正常运行造成波动。

（2）原因分析。

① $10×10^4t/a$ 甲醇装置变压吸附工段由原设计的自动程序控制变为由装置内解吸气稳压系统控制，程序控制阀均采用手动操作。

② 变压吸附工段仪表、线缆等设备设施老化，出现故障。

③ 仪表人员在维修过程中，对 DCS 操作画面1的"MAN""STEP""RUN""CHECK"4个功能模块键进行了调试，造成变压吸附工段运行状态改变，所有自动控制阀关闭。

（3）采取的措施及结果。

① 变压吸附工段采用现场紧急泄压，确保各吸附

塔、解吸气罐不超压。

②原料压缩机切出，关闭进口和出口，压缩机短时间维持自身循环，防止对设备造成损害。

③保留4个功能模块键中的"MAN"为红色，其余3个功能模块键全部切回白色正常位置。

④变压吸附工段强制状态得到解除，自动控制阀恢复正常操作状态。

⑤恢复压缩机正常运行，恢复燃料至转化炉的正常供给。

⑥变压吸附工段的运行及装置正常生产得到恢复。

（4）建议及经验推广。

变压吸附工段DCS画面中4个功能模块键代表不同的运行模式，系统在当时手动运行状态下，只能将"MAN"切为红色强制模式，其他功能模块键禁动。特别是"CHECK"功能模块键不能切为红色强制模式，否则所有程序控制阀、自动控制阀均将强制关闭，无法进行操作。

2. 变压吸附塔改造为解吸气与瓦斯气稳压系统的成功应用

（1）事例描述。

自2009年10月开始，为了全厂炼油装置的质量升级改造，$10×10^4$t/a和$30×10^4$t/a两套甲醇装置开始为全厂新建PSA-A套变压吸附装置提供合成驰放气用于提氢。提氢后的解吸气分别送两套甲醇装置和全厂瓦斯气管网作为燃料使用。由于工艺设计复杂、程序控制阀故障、PSA-B套解吸气含碳量高以及压缩机运行不稳定等原因，解吸气送至甲醇装置后造成转化炉温度长期持续波动(转化炉出口温度指标控制范围为4℃，因解吸气的引入波动范围达到30~50℃)，对两套甲醇装置转化炉的安全平稳运行造成了很大危害，而且大幅增加了装置的能耗。此外，每年夏季全厂中压和低压蒸汽使用量减少后，全厂燃料气管网燃料气过剩，存在放火炬燃烧的压力。全厂瓦斯气中富含C_2—C_6气体，是甲醇装置难得的宝贵资源。如何将瓦斯气引入甲醇装置，消除解吸气波动带来的危害，实现炼油和化工装置的资源优势互补和实现装置的安全平稳运行是两套甲醇装置必须要面对和解决的问题。

（2）原因分析。

① 变压吸附装置工艺设计本身造成的解吸气流量波动。

变压吸附装置的一个吸附过程要经过吸附、第一次均压降、第二次均压降、第三次均压降、第四次均压降、顺向放压步骤一、顺向放压步骤二、顺向放压步骤三、逆向放压、冲洗步骤一、冲洗步骤二、冲洗步骤三、第四次均压升、第三次均压升、第二次均压升、第一次均压升、产品气最终升压共17个步骤，每个步骤都由程序控制阀按规定时间完成开、关过程，约30min完成一个再生过程。全装置共有147台程序控制阀按照规定时间进行全开、全关操作，因此任何一台程序控制阀出现故障都会对全装置各塔的运行造成影响，对解吸气流量形成波动。即使程序控制阀运行正常，由于每个吸附塔都要不断反复执行从吸附到解吸的 17 个步骤，因此每 30min 从吸附结束到解吸冲洗步骤时，解吸气压缩机入口压力就有 10~50kPa 的波动，这个波动范围对于变压吸附装置本身的运行及机组是可以承受的，但会造成送至甲醇装置的解吸气流量出现 1500~3000m³/h 的波动，甲醇装置转化炉出口温度就会有 8~15℃ 的有规律、持续、频繁的波动。

② PSA-B 套解吸气并入 PSA-A 套后送至甲醇装置带来的波动。

表 4-2 为 PSA-B 套解吸气成分表。

表 4-2　PSA-B 套解吸气成分表

项目	H_2,%	C_1,%	C_2,%	C_3,%	C_4,%	C_5,%	C_6,%
2016 年 1 月 5 日	37.68	4.27	24.04	10.12	7.75	0.6	0.32
2016 年 1 月 12 日	38.12	3.42	24.78	10.94	10.86	1.58	0.85
2016 年 1 月 19 日	39.54	10.84	20.81	8.94	7.7	1.43	0.76
平均值	38.45	6.16	23.21	10.01	8.77	1.2	0.64

通过表 4-2 中数据及查阅气体热值，可以计算出 PSA-B 套解吸气的热值为 0.3845×285.8+0.0616×889.5+0.2321×1558.7+0.1001×2217.9+0.0877×2875.8+0.0012×3506.2+0.00064×4159.1≈1007.54kJ/mol。

表 4-3 为 PSA-A 套解吸气成分表。

表 4-3　PSA-A 套解吸气成分表

项目	H_2,%	CH_4,%	CO,%	CO_2	N_2,%
2016 年 1 月 5 日	38.07	21.24	13.18	25.33	1.18
2016 年 1 月 12 日	40.56	23.78	13.48	19.40	2.78
2016 年 1 月 19 日	42.45	21.8	12.89	20.6	2.26
平均值	40.36	22.27	13.18	21.78	2.07

通过表 4-3 中数据及查阅气体热值,可以计算出 PSA-A 套解吸气的热值为 $0.4036\times285.8+0.2227\times889.5+0.1318\times283\approx350.73kJ/mol$。

从表 4-2 和表 4-3 中可以看出,PSA-B 套解吸气中含有 C_1—C_6 含量不同的高热值气体,PSA-A 套解吸气中只有 CO、CH_4、H_2 等成分较单一的气体,而且 PSA-B 套解吸气的热值约为 PSA-A 套解吸气热值的 2.87 倍。PSA-B 套解吸气并入 PSA-A 套解吸气送至甲醇装置前没有稳压罐等设备,两种气体进入转化炉烧嘴前也没有充分混合的设计管路及混合设备,送至转化炉作为燃料使用后,由于混合气中各组分热值不同,气体管路无在线分析仪等设备监测解吸气组成,因此混合气组成变化呈现为隐性状态,造成燃烧后转化炉温度波动非常大,从而导致甲醇装置无法实现对转化炉温度的有效控制。混合后的解吸气对转化炉造成的温度波动及危害远大于 PSA-A 套解吸气设计本身造成的解吸气流量波动。

③ PSA-A 套装置长期低处理量影响压缩机稳定运行,进而造成解吸气流量波动。

PSA-A 套装置设计处理量为 $6\times10^4m^3/h$,实际处理

量一直在 $2 \times 10^4 \, m^3/h$ 左右。长时间低处理量不仅对 H_2 收率造成了一定影响，同时对 PSA-A 套变压吸附装置解吸气压缩机 T101 造成以下影响：a. 由于压缩机实际处理量只有设计的 1/3，因此造成压缩机长时间处于易喘振状态，对稳定运行带来了影响；b. 压缩机的防喘振阀长期处于较大开度，增加了压缩机的无效做功。因此，压缩机在低负荷下的不稳定运行状态是造成解吸气流量波动的又一因素。

④ 程序控制阀突发故障或解吸气压缩机出现喘振跳车对装置带来的波动。

变压吸附装置的运行主要依靠 147 台程序控制阀按照规定时间进行全开、全关操作，时间最短的程序控制阀仅 2s 就得进行动作，其中任何一台程序控制阀出现故障，整个变压吸附装置的运行都会受到不同程度的影响。自 2009 年变压吸附装置投运以来，多次出现因程序控制阀故障检修、内漏切塔等原因导致造成两套甲醇装置转化炉的解吸气燃料量波动。变压吸附装置在切塔过程中对解吸气波动的影响更大，如出现压缩机喘振、解吸气量的突然增减，操作人员及时做出调整也无法短时间控制转化炉温度的大幅波动，而每一次的波动就会对甲醇装置转化炉所有对温度敏感的设备带来危害，使设备材质受损，加剧老化，使用寿命缩短，对装置的安全运行构成隐患，同时增加了检修频次和费用。

（3）采取的措施及结果。

① 卸出 $10×10^4t/a$ 甲醇装置内变压吸附工段 $120m^3$ 分子筛等固体废物，大幅增加解吸气缓冲的有效容积，提升厂瓦斯气与解吸气混合气体的稳压能力。

② 通过流程改造，将原并入 $10×10^4t/a$ 甲醇装置作为燃料的瓦斯气改至变压吸附工段稳压系统内，实现充分稳压后既可以作为两套甲醇装置燃料使用，也可以实现作为原料使用的优化。成功实现了 PSA-B 套装置解吸气中富含的 C_1—C_6 组分在两套甲醇装置作为原料的科学利用，实现了炼油和化工装置资源优势互补，弥补了甲醇生产原料"氢多碳少"的化学计量比缺陷，提升了全厂瓦斯气利用价值。

③ 通过新增仪表及自动控制系统改造，实现了解吸气流量的微量调节，提高了装置应急处理能力，将解吸气和瓦斯气混合气体作为甲醇装置燃料压力波动的高、低峰值成功消减在稳压系统内，从根本上解决了解吸气长期频繁波动、瓦斯气无法科学利用的难题。解决了两套变压吸附装置解吸气气体组成差异大，不同组分燃烧热值偏差大，混合气管线无在线气体检测仪，操作人员无法及时根据解吸气与瓦斯气组成变化做出及时调整，给甲醇装置转化炉带来的燃料组成隐性变化影响温度控制，以及解吸气流量及复杂组分影响燃烧的难题。

④ 提升了两套变压吸附装置解吸气不同组分和热值的利用途径，拓展了全厂瓦斯气的科学使用途径。

⑤ 稳定了全厂解吸气流量和压力的波动，影响装

置长周期安全运行的最大隐患得到了消除。

⑥ 瓦斯气由单套供给模式实现了多套供给，提升了瓦斯气和解吸气的利用价值。在炼油化工装置制氢、甲醇生产碳源获取方式、气体稳压优化方式等方面取得了成熟的数据。

⑦ 影响装置长周期运行的瓶颈问题得到了解决，大幅降低了转化炉及相关设备设施高昂的检修、维修费用。

3. $30×10^4 t/a$ 甲醇装置膜分离系统改造的效果及意义

（1）事例描述。

$30×10^4 t/a$ 甲醇装置膜分离实施改造前共安装有7根高分子聚合物薄膜材料的膜分离芯。经过水洗、加热的气体通过膜芯的分离，渗透气去合成压缩机入口作为原料利用，非渗透气进入燃料气管网供装置燃料使用，在洗涤塔后另有一股气体送往变压吸附装置作为变压吸附装置原料气。但通过实际运行发现，$30×10^4 t/a$ 甲醇装置合成工段的原料氢碳比符合设计计量比，因此原设计膜分离系统渗透气作为原料补入压缩机入口对提高甲醇产量没有意义；而非渗透气作为燃料气再进行使用，由于含有大量 CO、CO_2 及 CH_4，其热值比天然气低，因此是对有效气体 CO、CO_2 的浪费，在转化气氢碳比本身不足的情况下，存在资源利用不合理的现象。因此，为合理利用氢回收单元在设计中的作用，提高膜分离运行效率，降低单吨甲醇能耗，解决外送驰放气 H_2 纯度不高、部分有效气体被浪费、非渗透气利用途径不科学等现象，车间实施了膜分离系统改造。

（2）原因分析。

① 非渗透气利用不科学，合成甲醇的有效气体资源没有得到最优化利用。

② 原膜棒分离效率下降，不能很好地满足生产要求。

③ 对转化气及合成气气质进行优化，可有效提高合成反应效率，增产甲醇，降低能耗。

④ 将含有高纯度 H_2 的渗透气送至变压吸附装置后，可以实现两套甲醇装置外送驰放气总量减少，从而提高合成反应压力，提高两套甲醇装置总体运行效率，进一步降低能耗。

（3）采取的措施及结果。

① 利用原膜分离系统设计流程，将原有的 7 台膜分离器改为 3 台膜分离器实施并联工艺，高压弛放气进入膜分离器前进入水洗塔进行水洗，水洗后的原料气经加热器加热后将温度升至 65℃进入膜分离系统。

② 在渗透侧得到压力为 2.3MPa 的渗透气（H_2含量在90%左右）送往厂变压吸附装置供全厂使用。通过流程改造，将非渗透气送往原料气系统作为原料气的补充气使用，同时将另外一部分补入燃料气系统作为燃料的补充，合理利用了非渗透气中的碳资源，优化了转化气气质，实现了提高合成效率、增产甲醇、降低能耗的作用。

③ 合成驰放气与渗透气混合后外送厂变压吸附装置，提高了外送原料的 H_2 纯度，降低了外送驰放气量，

提高了装置的调整及运行效率。

④ 膜分离系统投用后，PSA-A 套装置原料气气质得到了优化，H_2 含量由原来的 75% 提高至 83% 左右，纯度增加了约 8 个百分点。PSA-A 套装置的 H_2 回收率提高，降低了压缩机动力消耗及透平蒸汽用量，减少了甲醇装置外送驰放气量，合成环路压力得到了稳定和提高。

图 4-1 为膜分离系统改造流程简图。

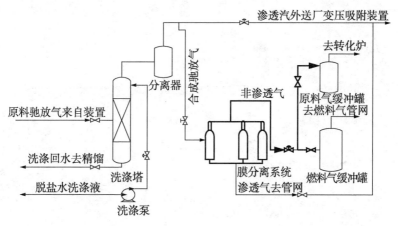

图 4-1　膜分离系统改造流程简图

（加粗为新增部分）

（4）建议及经验推广。

① 优化利用了装置的内有资源，提高了 $30×10^4t/a$ 甲醇装置及厂变压吸附装置的运行效率，实现了"投资小、改动小、大回报"的目标。

② 减少了 CO_2 气体的排放量，降低了温室气体的排放，减少了污染，保护了环境。

③ 为同类型装置的优化改造提供了宝贵经验。